Alexandra M. Crăciun
Ciprian N. Silaghi

Essenciais em química clínica - Notas de aula para estudantes

Alexandra M. Crăciun
Ciprian N. Silaghi

Essenciais em química clínica - Notas de aula para estudantes

ScienciaScripts

Imprint

Any brand names and product names mentioned in this book are subject to trademark, brand or patent protection and are trademarks or registered trademarks of their respective holders. The use of brand names, product names, common names, trade names, product descriptions etc. even without a particular marking in this work is in no way to be construed to mean that such names may be regarded as unrestricted in respect of trademark and brand protection legislation and could thus be used by anyone.

Cover image: www.ingimage.com

This book is a translation from the original published under ISBN 978-620-2-07921-1.

Publisher:
Sciencia Scripts
is a trademark of
Dodo Books Indian Ocean Ltd. and OmniScriptum S.R.L publishing group

120 High Road, East Finchley, London, N2 9ED, United Kingdom
Str. Armeneasca 28/1, office 1, Chisinau MD-2012, Republic of Moldova, Europe
Printed at: see last page
ISBN: 978-620-8-02257-0

Índice

Prefácio 2

Abreviaturas 3

Capítulo 1: Proteínas do soro 8

Capítulo 2: Enzimas de importância médica 19

Capítulo 3: Lipoproteínas 29

Capítulo 4: Diabetes mellitus e hipoglicemia 39

Capítulo 5: Fígado e trato gastrointestinal 44

Capítulo 6: Metabolismo do ferro e do heme 61

Capítulo 7: Explorando as doenças ósseas metabólicas 71

Capítulo 8: Urinálise 87

Capítulo 9: Intervalo de referência biológica para testes laboratoriais de rotina

.... 101

Bibliografia 105

<u>*Prefácio*</u>

O livro pretende ser uma ajuda para os estudantes de medicina sénior como um guia de aprendizagem, querendo dar uma breve orientação no diagnóstico paraclínico.

Abrange a exploração laboratorial de proteínas, lipoproteínas e minerais com relevância médica, centrando-se no diagnóstico paraclínico de patologias frequentes.

novembro, 2017   *Os autores*

5'-NT	5'nucleotidase
A1AT	Alpha1 Anti Trypsin
Ab	Antibody
ABCA1	ATP Binding Cassette protein A1
ACAT	Acyl CoA Cholesterol Acyltransferase
ACTH	Adrenocorticotrophic Hormone
AD	Autosomal Dominant
ADH	Antidiuretic Hormone
ADP	Adenozin 5'-Diphosphate
AFP	Alpha-Fetoprotein
Ag	Antigen
ALAT	Alanin Amino Transferase
AMI	Acute Myocardial Infarction
AMPc	Adenozin Monophospate cyclic
Apo A	Apolipoprotein A
Apo B	Apolipoprotein B
Apo C	Apolipoprotein C
Apo E	Apolipoprotein E
APR	Acute Phase Reaction
APTT	Activated Partial Thromboplastin Time
AR	Autosomal Recessive
ASAT	Aspartat Amino Transferase
ASLO	Anti Streptolisin O Antibody
ATP	Adenozin 5'-Triphosphate
ATS	Atherosclerosis
BAP	Bone Alkaline Phosphatase
BMD	Bone Mineral Density
BRI	Biological Reference Interval
BSP	Bromsulphtalein
CE	Cholesteril Ester
CEA	Carcinoembrionar Antigen
CETP	Cholesteryl Ester Transfer Proteins
Che	Cholinesterase
CIRD	Chronic Inflammatory Rheumatic Disease
CK	Creatinkinase

CK-MB	Creatinkinase, Isoenzyme MB
CLIA	Chemiluminiscence Immunoassay
CLL	Chronic Lymphocytic Leukemia
CM	Mature Chylomicron
CMR	Chylomicron remnants
CMV	Cyto Megalo Virus
CNS	Central Nervous System
CRP	C Reactive Protein
CSR	Corticosuprarenal gland
CTX	C terminal Crosslinks of colagen I
DCT	Distal Convoluted Tubule
DEXA	Dual Energy X ray Absorptiometry
DIVC	Disseminated Intravascular Coagulation
DM	Diabetes Mellitus
DOPA	3,4-dihydroxyphenylalanine
ECV	Extracellular Volume
EDTA	Ethylene-diamine-tetra-acetate (anticoagulant)
ELISA	Enzyme-Linked Immunosorbent Assay
ESR	Erythrocyte Sedimentation Rate
F I-XIII	Coagulation factors I-XIII
FC	Free Cholesterol
FSH	Follicle Stimulating Hormone
FT4	Free Thyroxine
GABA	Gamma-Aminobutyrate
GGT	Gamma Glutamyl Transpeptidase
GLA	Gamma-Carboxyglutamic acid
GLDH	Glutamate-dehydrogenase
Glu	Glutamic Acid
GOT	Glutamate Oxalate Transaminase
GPT	Glutamate Pyruvic Transaminase
GR	Granulocytes
Hb	Hemoglobin
HDL	High Density Lipoprotein
HLA	Human Leukocyte-associated Antigen (major complex of histocompatibility) - A, B, C, DR
HMG-CoA	Hydoxy Methyl Glutaryl CoA
hpf	High-power field
HTA	Arterial hypertension
IDL	Intermediary Density Lipoprotein
IFG	Impaired Fasting Glycemia

Ig A	Imunglobulin type A
Ig D	Imunglobulin type D
Ig E	Imunglobulin type E
Ig G	Imunglobulin type G
Ig M	Imunglobulin type M
IGT	Impaired Glucose Tolerance
IL	Interleukin
im	intra muscular
IM	Infectious Mononucleosis
INF	Interferon
INR	International Normalised Ratio
IPF	Insulin Promoter Factor
ISI	International Sensitivity Index
LCAT	Lecithin Cholesterol Acyl Transferase
LDL	Low Density Lipoprotein
LDLR	receptors for LDL
LH	Luteinizing Hormone
LMW	Low Molecular Weight
lpf	Low-Power Field
LPL	Lipoprotein lipase
LP-X	X-Lipoprotein
MAO	Monoamine Oxidase
MCH	Mean Corpuscular Hemoglobin
MCHC	Mean Corpuscular Hemoglobin Concentration
MCV	Mean Corpuscular Volume
mEq	mili Equivalents
MI	Myocardial Infarction
MID	Monocytes and Eosinophyles
MO	Monocytes
MPV	Mean Platelet Volume
MT	Mucosal Transferin
MTTP	Microsomal Triglyceride Transfer Protein
nkat	nanokatal (10^{-9} katal)
NACB	National Academy of Clinical Biochemistry
NSCLC	Non-Small Cell Lung Cancer
NTX	N terminal Crosslinks of colagen I
OGTT	Oral Glucose Tolerance Test
OPG	Osteoprotegerin
PAI 1,2	Plasminogen Activator Inhibitors type 1, 2
PAR	Protease Activated Receptors

PBG	Porphobilinogen
PG	Platelet Glycoprotein
PICP	Procollagen type I carboxy-terminal propeptide
PINP	Procollagen type I amino-terminal propeptide
PIP	Phosphatidylinositol 4- Phosphate
PIVKA	Protein Induced by Vitamin K Absence
PLT	Platelets
PLTP	Phospholipid Transfer Proteins
posm	osmotic pressure
PPAR-γ	Peroxizome Proliferators Activated Receptors γ
PPi	Inorganic pyrophosphate
PPTA	Plasmatic Precursor of Thromboplastin
proGRP	proGastrin Releasing Peptide
PSA	Prostate Specific Antigen
PSP	Phenol-Sulphon-Phtaleina
PT	Prothrombin Time
PTH	Parathyroid Hormone
PTT	Partial Thromboplastin Time
RA	Rheumatoid Arthritis
RBC	Red Blood Cells
RDW	Red Blood Distribution Width
SG	Specific Gravity
SGA	Small for Gestational Age
SIADH	Syndrome of inappropriate antidiuretic hormonal release
SLE	Systemic Lupus Erythematosus
$T_{1/2}$	Half life-time
T3	Triiodothyronine
T4	Thyroxin
TAP	Total Alkaline Phosphatase
TG	Triglyceride
TnC	Troponin C
TNFα	Tumor necrosis factor
TnI	Troponin I
TnT	Troponin T
tPA	tisse Plasminogen Activator
TQ	Quick Time
TSH	Thyroid Stimulating Hormone
ULN	Upper Limit of Normal
UV	Ultraviolet light

VHA	Viral hepatitis type A
VHB	Viral hepatitis type B
VHC	Viral hepatitis type C
VLDL	Very Low Density Lipoprotein
vWF	von Willebrand Factor
WBC	White Blood Cells
WHO	World Health Organization
δ ALA	delta-Amino-Levulinic acid

Proteínas no plasma humano

- Cerca de 100 proteínas são isoladas e caracterizadas

- Altamente heterogéneo, variando as suas concentrações de g/l (albuminas) a ng/l (osteocalcina)

- Muitas são glicoproteínas (contendo até 10-25% de hidratos de carbono) - albuminas, a- amilase; a PCR não é glicosilada

- A maioria das proteínas plasmáticas tem o ponto isoelétrico na gama de pH ácido. Migram para o ânodo quando a migração no campo elétrico tem lugar em ambiente alcalino.

Estrutura das proteínas plasmáticas

As proteínas são constituídas por aminoácidos, ligados entre si por ligações peptídicas.

Para cada proteína pode ser descrita uma forma de organização estrutural:

• *estrutura primária* - sequência de aminoácidos na cadeia polipeptídica; inclui as extremidades N e C terminais da molécula.

• *estrutura secundária* - alfa-hélice, folha beta, uma conformação local estabilizada por ligações de hidrogénio

• *estrutura terciária* - a forma global de uma molécula de proteína única; *o domínio proteico é* uma região estrutural específica de uma proteína, que confere uma função específica à proteína (ex.: enzima)

• *Estrutura quaternária* - a forma final de uma proteína, formada por várias moléculas de proteína, normalmente designadas por subunidades proteicas (ex.: hemoglobina - uma p_{22} subunidades)

Classificação funcional

• **Proteínas de transporte** - haptoglobina, transferrina, ceruloplasmina, apolipoproteínas

• **Proteínas de fase aguda** - PCR, proteína amiloide A, haptoglobina, fibrinogénio

• **Complemento e factores de coagulação**

• **Enzimas** - amilase, lipase, colinesterase

• **Inibidores da proteinase** - al-antitripsina, antitrombina III

• **Hormonas (proteohormonas)** - calcitonina, PTH, insulina

• **Imunoglobulinas** - IgG, IgA, IgM, IgE, IgD

Papel das proteínas plasmáticas

• Comum:

o para manter a pressão coloidosmótica (principalmente albumina)

o são uma importante fonte de aminoácidos

o sistema de proteção

• Específico:

o Transporte de:

▪ lípidos (apoproteínas A, B, C, E),

▪ bilirrubina (albumina),

▪ cálcio (calbindina),

▪ ferro (hepcidina, transferrina, ferritina),

▪ hormonas,

▪ medicamentos (a cisplatina utiliza canais de transporte de cobre),

▪ oligoelementos (cobre - ceruloplasmina)

o atividade enzimática (transaminases, fosfatases alcalinas, etc.)

o imunidade - anticorpos (Ig), complemento

o hemostase: equilíbrio entre a coagulação e a fibrinólise

o metabolismo do heme.

Onde e como são produzidas as proteínas?

Onde? Muitas são produzidas no fígado, com exceção das imunoglobulinas que são produzidas pelos plasmócitos.

Como? Fases da síntese proteica:

1. transcrição do ADN do gene que codifica a proteína em ARNm.

2. tradução da sequência de aminoácidos codificada nos códons do ARNm no novo polipéptido; é essencial o reconhecimento de pares de bases complementares entre o anticódon do ARNt e o códon do ARNm.

3. finalmente, são adicionados grupos funcionais (ex. carboxilo aos factores de coagulação) ou moléculas inteiras (ex. hidratos de carbono - glicose, galactose, manose) ao polipéptido

4. eliminação da proteína funcional no complexo de Golgi e no meio extracelular

Importância do tempo de meia-vida ($T_{1/2}$)

- é o tempo durante o qual uma proteína atinge a sua meia concentração original

- é independente da concentração de base

- quanto mais curto for o $T_{1/2}$, mais frequentemente devem ser efectuadas análises ao sangue para monitorizar o efeito do tratamento num doente. Isto é particularmente importante na monitorização do tratamento anticoagulante ou dos marcadores tumorais.

Catabolismo das proteínas - vias:

• Desnaturação (ácido no estômago)

• Hidrólise (proteases) - aminoácidos resultantes e mais NH_3 e CO_2 e $H_2 O$. O

NH_3 é tóxico e, por isso, é transformado em *ureia*, no fígado, no *ciclo da ureogénese.*

Alguns aminoácidos são utilizados para a biossíntese de proteínas, enquanto outros são convertidos em glicose através da *gluconeogénese* ou entram no ciclo do ácido cítrico.

A utilização de proteínas como combustível é particularmente importante em condições de fome, permitindo que as proteínas do próprio corpo sejam utilizadas para sustentar a vida, particularmente as encontradas no músculo. No estado hiperpirético das doenças, sobretudo nas crianças, aparecem corpos cetónicos na urina (provenientes da degradação dos triglicéridos).

A concentração de proteínas totais no soro reflecte a distribuição entre os compartimentos de fluidos intravasculares e extravasculares, a biossíntese e a eliminação (degradação, catabolismo, perdas). Valores de referência: 6-8 g/dl.

• **A hiperproteinemia está principalmente associada à hiperglobulinemia**

o   Aumento aparente devido a desidratação   o   Estase durante a punção venosa

o   Aumento da síntese proteica (paraproteinemia)

• **A hipoproteinemia está principalmente associada à hipoalbuminemia**

o   Diminuição aparente devido à baixa síntese (albumina, imunoglobulina) ou perda (principalmente albuminas)

o   Excesso relativo de água (sobre-hidratação), terapia de infusão excessiva ou produção de urina consideravelmente reduzida (anúria).

A ELECTROFORESE DAS PROTEÍNAS SÉRICAS tem como princípio a separação das proteínas com base nas diferenças das cargas eléctricas e dos tamanhos das proteínas. Este método é utilizado para identificar qual a fração proteica que está alterada em relação ao normal e para orientar para uma síndrome.

As proteínas do soro podem ser separadas em cinco fracções principais:

1. albumina: 52-60%

2. alfa-1 globulinas: 3-5%

3. alfa-2 globulinas: 7-9%

4. Beta globulinas: 11-14%

5. gamaglobulinas: 16-20%

Figura 1: Separação electroforética de proteínas séricas. Se for utilizado plasma em vez de soro, a fração beta aumenta, devido ao fibrinogénio, que é uma proteína beta.

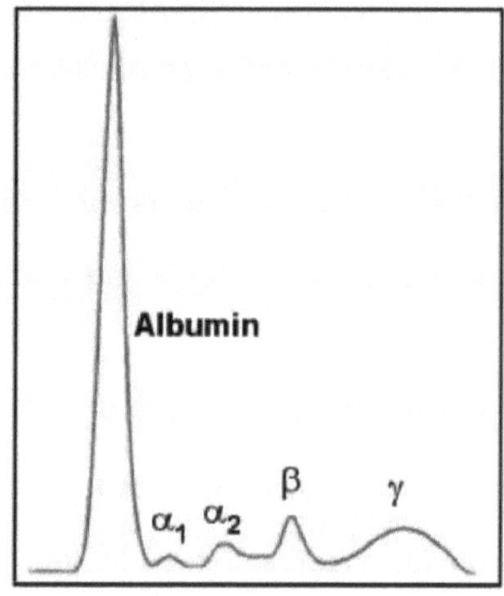

Albumina - sintetizada no fígado e filtrada pelos glomérulos renais.

• **hiperalbuminemia:** causada pela depleção de água

• **hipoalbuminemia:** causada por doença hepática, desnutrição e má absorção, perda externa (síndrome nefrótica), enteropatia gastrointestinal, queimaduras, coleção ascítica, aumento do catabolismo (cancro, doenças infecciosas).

o **Edema ou transudado** - concentração de albumina < 20g/l

o **Exsudado** - concentração de proteínas >30g/l.

Globulinas - mais representadas pelas imunoglobulinas (Ig).

• IgA - papel na barreira de proteção natural da pele e das superfícies mucosas (digestiva, respiratória, lacrimal, genital); aumento em: Doença de Crohn, doença celíaca, dermatomiosite.

• IgG - papel na defesa secundária e proteção dos espaços tecidulares; aumento em: LES, hepatite crónica ativa

• IgM - papel na defesa primária e na proteção da corrente sanguínea; aumento na cirrose biliar primária, infeção perinatal,

• IgE - envolvimento em reacções anafilácticas (alergias); aumento em: asma, alergias, infestação parasitária; o aumento de IgE não conduz a hipergamaglobulinemia

• IgD - papel na ativação das células B, do sistema de defesa imunitário

Paraproteínas

• São Ig ou fragmentos de Ig produzidos por uma família de células plasmáticas que foi desenvolvida a partir de um tipo de célula plasmática (monoclonal).

• Não têm a função de anticorpo, mas são estruturalmente iguais às imunoglobulinas funcionais.

• Podem ser constituídos por cadeias leves (kappa ou lambda) ou por fragmentos de cadeias pesadas.

DISPROTEINEMIA - refere-se a alterações qualitativas e quantitativas das proteínas plasmáticas. Pode resultar de um *aumento ou* de uma *diminuição* de um determinado tipo de proteína ou grupo de proteínas, levando a uma alteração do rácio albumina/ globulinas (normalmente >1).

No passado, foram utilizados alguns testes indicativos para identificar a disproteinemia, indicando que a fração proteica pode estar aumentada (teste de Tymol para o aumento de beta e gama, teste de Kunkel e teste de ZnSO$_4$ para o aumento de gama).

Classificação da disproteinemia:

I. Com uma concentração normal de proteínas totais (PT): 6-8 g/dl

o **Reação de fase aguda** - os picos alfa-1 e alfa-2 do proteinograma estão aumentados devido ao aumento da PCR, da proteína amiloide A, da haptoglobina e, consequentemente, da VHS. Etiologia: doenças inflamatórias agudas (pneumonia), intervenções cirúrgicas, cancro, queimaduras, etc.

Figura 2: Proteinograma na reação de fase aguda. As fracções alfa-1 e alfa-2 estão aumentadas. A albumina pode estar ligeiramente diminuída, devido ao atraso na sua síntese em comparação com os reagentes de fase aguda.

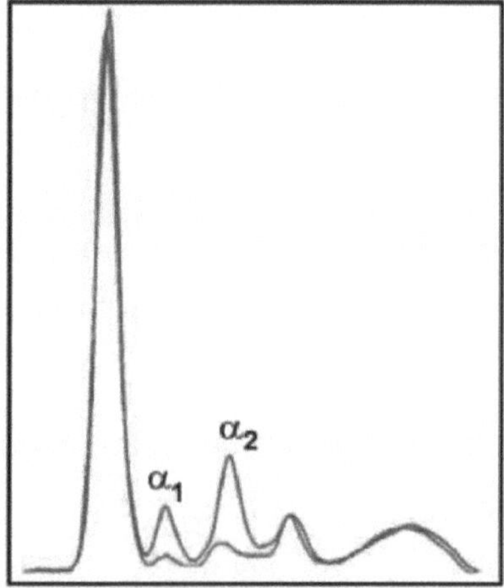

o **Inflamação crónica** - está associada a um pico gama largo no proteinograma, denominado gamopatia policlonal (Figura 3). Pelo menos duas Ig estão aumentadas. Surge em doenças crónicas: tuberculose, hepatopatia crónica compensada, LES, AR.

Figura 3: Comparação electroforética entre gamopatia monoclonal e policlonal.

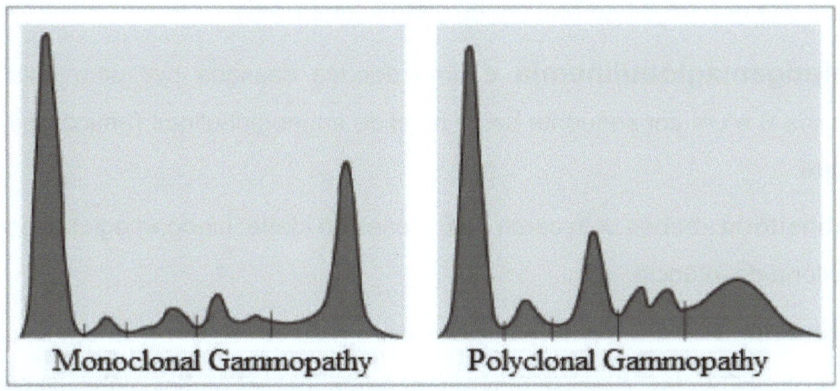

II. Com diminuição da concentração de TP: < 6 g/dl

o **Síndrome nefrótico** - as globulinas alfa-2 estão aumentadas; as albuminas estão significativamente diminuídas, devido *à perda* a nível renal o **Cirrose hepática** - as albuminas estão diminuídas devido *a uma síntese deficiente de albumina;* o álcool pode induzir um aumento da Ig A que conduzirá a um bloqueio comum das globulinas beta e gama.

o **Enteropatia exsudativa** - todas as fracções proteicas estão diminuídas.

III. Com aumento da concentração de TP: > 8 g/dl

o **Mieloma múltiplo** - o pico gama está aumentado e acentuado, devido ao aumento de apenas um tipo de Ig (IgG 60%, IgA 25%, IgD 1,5%); aumento da VHS (100 mm/h); eritrócitos rulleaux (como pilhas de dinheiro), proteína de Bence-Jones urinária, aspeto específico de raios X em ossos grandes (anca, calvária) e vértebras, e achados caraterísticos da medula óssea (aumento de plasmócitos). A evolução da doença conduz a uma insuficiência renal.

o **Doença de Waldenström** - o pico gama está aumentado devido ao aumento de Ig M. A anemia e a linfadenopatia estão presentes, as alterações esqueléticas são raras. A evolução da doença leva à hiperviscosidade do sangue e ao aumento do risco de hemorragias internas.

o **Doença das cadeias leves** - os fragmentos kappa e lambda da Ig podem levar à sua deposição no rim, conduzindo à amiloidose.

A hipogamaglobulinemia é uma doença causada por uma falta de linfócitos B e um consequente baixo nível de imunoglobulinas (anticorpos) no sangue.

o **Transitória -** bebés com cerca de 6 meses de idade; hipogamaglobulinemia transitória da infância

o **Primário**

∎ Deficiência de IgA (infecções respiratórias e digestivas frequentes durante a infância);

∎ Agamaglobulinemia ligada ao X (doença de Bruton) - o defeito genético leva ao bloqueio da maturação das células B

o **Secundária -** leucemia linfocítica crónica (LLC), enteropatia perdedora de proteínas, terapia imunossupressora (medicamentos, irradiação).

Alguns exames que indicam hipogamaglobulinemia incluem:

o Imunoglobulinas séricas e linfócitos B baixos

o Falta de anticorpos específicos para quaisquer vacinas que a criança tenha recebido

o Ausência de anticorpos contra os antigénios dos grupos sanguíneos A e B

ALGUMAS PROTEÍNAS PLASMÁTICAS SÃO MEDIDAS NA URINA E NO LÍQUIDO CEFALORRAQUIDIANO (LCR)

- albuminúria, microalbuminúria, α_1 -microglobulina, α_1 -glicoproteína, α_1 -antitripsina, α_1 -microglobulina, transferrina, α -microglobulina$_1$ α_2 -macroglobulina, β_2 -microglobulina, etc. - *na nefrite*

- 80% das proteínas no LCR são de origem plasmática (albumina, IgG, α_1 -

antitripsina, α_1 -glicoproteína, transferrina), enquanto *20% são produzidas pelo sistema nervoso central.*

Proteína na urina - proteinúria superior a 150 mg/ 24 horas.

o **Pré-renal -** proteína de Bence-Jones, hemoglobina, mioglobina

o **Renal - glomerulonefrite;**

o **proteinúria glomerular (>3g de proteínas/perda de 24h);**

o **proteinúria tubular (< 1g de proteínas/perda de 24h)**

o **Pós-renal -** cálculos, malignidade, infeção.

Proteína do LCR - aumento na meningite bacteriana ou viral, neoplasia intracraniana, obstrução mecânica. O aumento de Ig no LCR pode aparecer na esclerose múltipla, tuberculose e neurossífilis.

O rácio Ig/Albumina no LCR permite diferenciar entre o sangue e a síntese local de proteínas. O resultado é um diagrama = *índice de Reiber.* Valores abaixo de uma linha definida indicam transferência passiva (origem sanguínea), enquanto valores acima desta linha indicam síntese local de Ig pelo sistema nervoso central.

DEFICIÊNCIA DE PROTEÍNAS ESPECÍFICAS:

o **A alfa-1 antitripsina** é responsável pela inibição das proteases presentes no soro. A sua deficiência é uma *doença genética* causada por uma produção defeituosa de alfa 1-antitripsina (A1AT), que leva a uma *diminuição da atividade da A1AT* no sangue e nos pulmões e à *deposição de um excesso de proteína A1AT anormal nas células do fígado.* A deficiência grave de A1A provoca enfisema panacinar e/ou doença pulmonar obstrutiva crónica (DPOC) na idade adulta em muitas pessoas com esta doença (especialmente se estiverem expostas ao fumo do tabaco), bem como várias doenças hepáticas numa minoria de crianças e adultos e, ocasionalmente, problemas mais invulgares.

o A deficiência de **antitrombina III** é uma doença hereditária rara que é diagnosticada quando um doente sofre de trombose venosa recorrente e embolia pulmonar. A hereditariedade é geralmente autossómica dominante (AD). Na síndrome nefrótica, a antitrombina é perdida na urina, levando a uma maior atividade dos factores de coagulação II e X, *aumentando o risco de um evento trombótico.*

Informações gerais

- As enzimas são moléculas biológicas responsáveis por reacções químicas in vivo.

- A maioria das enzimas são proteínas, têm uma estrutura tridimensional e estão associadas a cofactores orgânicos (vitamina K para a carboxilase) e inorgânicos (Mg^{2+}) no processo catalítico.

- A enzima liga-se a um substrato (específico ou relativamente específico) para formar um complexo enzima-substrato, resultando finalmente o produto da reação.

- Uma enzima pode ser utilizada in vivo várias vezes (centenas) antes de ser degradada por proteases.

Factores que influenciam a atividade enzimática

- pH ótimo (ácido - para pepsina, fosfatases ácidas; alcalino - para quimiotripsina, fosfatase alcalina)

- temperatura (atividade óptima a 37°C)

- se o substrato estiver em concentração suficiente, a atividade enzimática depende da quantidade de enzima (concentração).

Expressão da atividade enzimática

- **U/l (Unidade/l)** = micromoles por litro de substrato transformado pela enzima num minuto. 1 U corresponde a 16,67 nkat.

- **Kat (katal)** = micromoles de substrato convertidos pela enzima por segundo.

Isoenzimas - são diferentes formas estruturais da mesma enzima. Diferem em partes estruturais que indicam onde foi produzida, enquanto a estrutura do domínio (que confere a sua função) é a mesma em todas, todas as isoenzimas catalisam a mesma reação química. Exemplo de isoenzimas: CK-MM, CK-BB,

CK-MB; LDH 1-5; ALP (hepática, óssea, intestinal, renal, placentária).

Mecanismo das alterações enzimáticas no soro

a. As enzimas são segregadas ativamente no plasma

- As enzimas hepáticas são sintetizadas pelo fígado e segregadas ativamente no plasma, onde actuam sobre substratos específicos. Exemplo: LCAT, colinesterase, factores de coagulação.

b. A diminuição da atividade reflecte uma produção insuficiente por parte da célula.

Exemplo: supressão por medicamentos (estatinas, intoxicação com organofosforados)

c. Enzimas de origem exócrina - são produzidas pelos tecidos glandulares e despejadas nos canais excretores. O seu aumento reflecte a obstrução dos canais ou a destruição da glândula. Exemplo: amilase (salivar ou pancreática), fosfatases ácidas (próstata).

d. Enzimas intracelulares - o seu aumento reflecte um tecido em sofrimento, desde a alteração da permeabilidade da membrana até à necrose celular. A amplitude da alteração (aumento do plasma) depende do número de células destruídas e de outros factores ambientais - vascularização do órgão e tempo de meia-vida de cada enzima envolvida.

A permeabilidade da membrana pode ser aumentada por:

- Defeito genético (distrofia muscular)

- Hipóxia

- Diminuição do transporte de glicose para a célula

- Distensão dos tecidos (hepatomegalia de instalação rápida)

- Toxinas bacterianas ou vírus

- Drogas ou produtos químicos

e. Aumentos enzimáticos não relacionados com uma patologia específica

- Idade e género

- Gravidez e aleitamento

- Hemólise do sangue durante a colheita ou preparação da amostra

- Medicamentos: antibióticos, medicina verde

- Preparação incorrecta do doente antes da colheita de sangue (estado de não jejum)

Enzimas na doença

Certas células dos tecidos contêm enzimas caraterísticas que só entram no sangue quando as células a que estão confinadas são danificadas ou destruídas.

A presença no sangue de quantidades significativas destas enzimas específicas indica o local provável da lesão dos tecidos.

Distribuição das enzimas no corpo - principalmente nos tecidos metabolicamente activos:

- Coração: AST, ALT, CK-MB, LDH_1

- Músculos: AST, CK-MM, aldolase, LDH_5

- Fígado: ALT, CE, GGT, ALP, LDH_5

- Osso: fosfatase alcalina, fosfatase ácida

- Pâncreas: alfa-amilase, lipase, ALAT, ASAT, LDH_4

- Cérebro: CK-BB

- Tiroide: ALAT, ASAT, CK

- Glândula parótida: amilase

- Próstata: fosfatase ácida

- Pulmões: LDH_3

- Rim: 1α-hidroxilase; 17-,18-,21-hidroxilases

A. ENZIMAS ENVOLVIDAS NA PATOLOGIA CARDÍACA

O enfarte do miocárdio (IM), vulgarmente conhecido como ataque cardíaco, resulta da hipóxia parcial ou total do tecido cardíaco devido a um bloqueio arterial parcial ou total com um trombo.

Os doentes acusam uma dor pré-codial com irradiação de dor no braço esquerdo. Durante este evento, as enzimas CK, AST e LDH aumentam.

Em princípio, quanto maior a necrose, maior o aumento de enzimas está associado. **A CK** catalisa a transferência reversível de grupos fosfato entre a creatina e a fosfocreatina, bem como entre o ATP e o ADP. CK total: 90 - 180 U/l; CK-MB: < 24 U/l. **Se a CK-MB não exceder 6% da CK total, não há destruição do miocárdio.**

Indicação de CK e CK-MB:

1. Diagnóstico do IM

2. evolução pós-IAM, para enfartes secundários

3. diagnóstico diferencial com embolia pulmonar e choque

4. controlo pós-cirúrgico em operações cardíacas

5. exclusão de um enfarte do miocárdio num traumatismo torácico

6. exclusão de destruições do miocárdio em doentes com intoxicações graves

▪ A CK aumenta 6 horas após o enfarte, atingindo um pico máximo 18-29 horas após o evento,

▪ aumenta no máximo 10 vezes o limite superior do normal (UNL)

▪ em alguns casos, a CK-MB precede o aumento da CK total

▪ os enfartes múltiplos são reflectidos pelo aumento da CK-MB e da CK total, mas em alguns casos apenas a CK-MB detecta um novo enfarte, mas não a

CK total

Uma terapia trombolítica eficaz pode levar, na primeira fase do tratamento, a um aumento das enzimas, que são "lavadas" do local da necrose.

Como em muitos casos não se sabe a hora exacta do evento de enfarte, a CK e a CK-MB devem ser repetidas após 4 horas, se os resultados não forem conclusivos (em associação com o ECG, caraterísticas clínicas).

Diagnóstico diferencial:

- A injeção intramuscular pode causar um aumento da CK total, indicando um enfarte do miocárdio secundário; da mesma forma, em doentes com abcesso, após o enfarte do miocárdio - mas estes aumentos são inferiores aos do enfarte do miocárdio

- na embolia pulmonar, a CK total está aumentada, mas a CK-MB está normal (< 24 U/l)

- Na distrofia muscular de Duchenne, a CK pode aumentar até 100 vezes o ULN nas formas graves e 10 vezes nas formas ligeiras.

Outros marcadores não enzimáticos aumentaram no IM:

o Troponina (T, I, C) - aumenta mais dramaticamente do que a CK. Aumenta no enfarte do miocárdio, após cirurgia cardíaca e após tratamento trombolítico.

o Mioglobina - não específica, útil quando medida em dinâmica (antes e depois, no tempo)

o Albumina, modificada pela isquémia (não pela necrose celular). Tem um valor diagnóstico na diferenciação da dor cardíaca de outras dores no peito.

Valor do diagnóstico enzimático em comparação com o ECG:

o Normalmente, as alterações do ECG precedem os aumentos enzimáticos; os últimos têm o papel de confirmar o diagnóstico

o as determinações enzimáticas são úteis em micro-infartos múltiplos, hipertrofia do miocárdio, bloqueios cardíacos o   as enzimas detectam frequentemente o enfarte secundário

B. ENZIMAS ENVOLVIDAS NA PATOLOGIA MUSCULAR

o   um terço do peso do corpo é representado pelos músculos

o   os músculos contêm enzimas importantes: CK-MM, LDH5, ASAT e aldolase

o   o   grau de alteração destas enzimas depende da distribuição sanguínea e da atividade muscular do tecido.

o   o   esforço físico em excesso pode levar à hipóxia, até ao choque (devido à hipóxia generalizada)

o   As injecções de Penicilina, Tetraciclina, Diazepam e antiaritméticos podem provocar lesões locais musculares (citólise das células musculares esqueléticas = rabdomiólise).

Dermatomiosite - é uma doença do tecido conjuntivo que se caracteriza pela inflamação dos músculos e da pele. Nas fases agudas, há um aumento da ASAT, da LDH e da CK.

A inflamação dos tecidos conjuntivos produz normalmente uma erupção cutânea púrpura-avermelhada (violácea) na pele que foi exposta ao sol. A erupção cutânea tem o nome da tendência das plantas para crescerem em direção ao sol (heliotrópica) e é caraterística da dermatomiosite.

A distrofia muscular progressiva caracteriza-se por uma fraqueza progressiva do músculo esquelético, associada a uma morte progressiva das células e do tecido muscular, que será finalmente substituído por tecido conjuntivo e fibroso.

Trata-se de um grupo de doenças musculares hereditárias não inflamatórias sem uma anomalia do nervo central ou periférico.

A *distrofia muscular progressiva de Duchenne* é uma doença genética relacionada com o cromossoma X. A CK e a aldolase em mulheres portadoras do gene mutante apresentam valores aumentados.

O nível de CK pode ser até 100 vezes superior ao limite superior da normalidade nas formas graves e 10 vezes nas formas ligeiras. A AST e a LDH aumentam nas formas graves.

A determinação CK é utilizada para:

o deteção de portadores (mulheres)

o diagnóstico de risco antes da presença de sinais clínicos (apenas para a Duchenne, na distrofia de cinturas múltiplas a CK pode não detetar portadores, mas está aumentada em 70% na doença clinicamente manifesta).

Polimiosite - doença inflamatória que abrange muitos grupos de músculos.

o A CK está elevada em 70% dos doentes; nas crianças, as elevações são mais elevadas do que nos adultos.

o O teste terapêutico com cortisona pode distinguir entre uma distrofia muscular progressiva e uma polimiosite.

A hipertermia maligna (anestesia 1:50 000) é causada por halotano, succinilcolina, xilina, diazepam, barbitúricos.

o Mecanismo: em alguns indivíduos, é desencadeado um rápido efluxo de cálcio dos depósitos intracelulares para o mioplasma, levando a uma contração muscular súbita e sustentada. Pode conduzir a uma acidose metabólica (aumento da produção de ácido lático).

o Está associada a taquicardia, taquipneia, rigidez muscular e hipertermia (41-42 ° C).

o O aumento da CK e do ASAT confirma o diagnóstico.

o Tratamento: antagonistas do cálcio.

C. ENZIMAS ENVOLVIDAS EM DOENÇAS HEMATOLÓGICAS

▪ A lactato desidrogenase (LDH) está envolvida no metabolismo da glucose.

▪ A LDH catalisa a reação reversível entre os ácidos pirúvico e lático.

- Os tecidos mais ricos em LDH são: músculo cardíaco, músculo esquelético, fígado, rim e glóbulos vermelhos.

- *As isoenzimas da LDH* são tetrâmeros (4 subunidades), e por eletroforese podem ser separadas 5 fracções, com origens diferentes:

o LDH1 - músculo cardíaco

o LDH2 - glóbulos vermelhos

o LDH3 - pulmões

o LDH4 - rim, pâncreas, placenta

o LDH5 - fígado e músculos esqueléticos

Diagnóstico:

o O **rácio LDH2/LDH1 é >1** em indivíduos saudáveis, **<1 no enfarte do miocárdio**;

o Uma das utilizações diagnósticas mais importantes para o teste de isoenzimas LDH é no diagnóstico diferencial de enfarte do miocárdio ou ataque cardíaco. O nível total de LDH aumenta em 24-48 horas após um enfarte do miocárdio, atinge o pico em dois a três dias e volta ao normal em cerca de cinco a dez dias.

o A LDH5 aumenta nas doenças do fígado

Aumento da LDH:

o Infração do miocárdio (LDH1)

o Anemia megaloblástica (LDH2), síndrome mielodisplásica, hemólise, leucemia

o Infarto pulmonar (LDH3)

o Pancreatite, doenças renais (LDH4)

o Lesão hepatocelular (infecções virais - CMV, Epstein Barr, hepatite B e C;

intoxicação por drogas), doenças musculares (LDH5)

o Hipotiroidismo (LDH1)

LDH na anemia megaloblástica:

o A LDH aumenta mais de 10 vezes o UNL;

o baixos reticulócitos; hemácias normocromáticas e megaloblásticas.

o teste terapêutico com vitamina B12, administrado im, normalizará os parâmetros em três semanas.

LDH na anemia hemolítica:

o A LDH aumenta ligeiramente, 2-5 vezes a referência normal superior

o A AST pode aumentar ligeiramente

LDH na leucemia:

o LDH (LDH2 e LDH3) aumentada, ausência de resposta ao teste terapêutico (vitamina B12/ácido fólico)

o Associado a um colesterol baixo pode indicar um mau prognóstico para o doente.

D. ENZIMAS ENVOLVIDAS NA PATOLOGIA ÓSSEA

Durante a vida, ocorrem dois processos fisiológicos importantes relacionados com o metabolismo ósseo: a modelação óssea (até se atingir o pico de massa óssea) e a remodelação óssea, um processo que está ativo durante toda a vida e que é responsável pela manutenção da estrutura óssea normal.

Dois tipos de células estão a completar estes processos:

▪ osteoblatos (para a formação óssea) - células ósseas jovens que produzem colagénio tipo I, osteocalcina e fosfatase alcalina óssea;

▪ osteoclastos (para reabsorção óssea) - células multinucleadas que produzem fosfatases ácidas

Alterações da fosfatase alcalina (ALP) e da isoenzima óssea (BAP) no soro:

o Osteoporose - ALP diminuída, normal ou aumentada

o Osteomalácia/raquitismo - aumento devido a hipertiroidismo secundário. As crianças e os idosos podem ter níveis fisiológicos de ALP aumentados. No raquitismo, a ALP pode ser 2-3 vezes superior ao valor fisiológico superior.

o Hiperparatiroidismo - aumento da renovação óssea, aumento da atividade osteoblástica

o Doença de Paget - aumento do turnover ósseo, aumento de BAP, ALP

o processos tumorais:

▪ em processos associados à **osteoformação, a ALP aumenta**; por exemplo: Metástases de carcinoma: mamário, prostático: ALP aumentada.

▪ a proliferação metastática na linha dos osteoclastos está associada à **osteólise - a fosfatase ácida óssea** está aumentada; por exemplo: sarcoma osteolítico (S. Ewing, reticulosarcoama): Valores normais de ALP.

o Diminuição da fosfatase alcalina (ALP) no soro:

- Deficiência de vitamina C (grave)

- Hipotiroidismo instalado na infância

- após perfusão com EDTA administrado terapeuticamente após intoxicação por Pb (chumbo)

- doentes dialisados

Alterações da fosfatase ácida sérica:

▪ Doença de Gaucher

▪ adenoma/ cancro da próstata

Estrutura geral das lipoproteínas

As gorduras não são solúveis no sangue e, para serem transportadas no sangue, os lípidos associam-se a compostos hidrossolúveis (ex. proteínas), dando origem a complexos lipoproteicos.

Estrutura das lipoproteínas:

- Camada exterior: formada por apoproteínas (A, B, C, E), colesterol livre, fosfolípidos

- Núcleo: constituído por ésteres de colesterilo, triglicéridos.

Absorção e transporte de lípidos exógenos

- Os ácidos biliares preparam os lípidos da dieta para serem absorvidos por emulsificação no intestino delgado.

- A lipase pancreática transforma os triglicéridos em ácidos gordos livres, que vão entrar passiva ou ativamente na linfa, ao nível da mucosa intestinal.

- Nas células intestinais formam-se apo B48 e quilomícrons, denominados **quilomícrons nascentes** depois de entrarem na linfa.

- Os quilomícrons contêm triglicéridos (TG; >80%), ésteres de colesterol (CE; <15%) e apoproteínas (B48).

- A partir da linfa, os quilomícrons nascentes entram na corrente sanguínea através do ductus thoracicus (acima do fígado) em cerca de T (½) = 5-20 min.

- Na corrente sanguínea, o quilomícron nascente recebe apo C e apo E do HDL, tornando-se um **quilomícron maduro (CM)**.

- Ao chegar ao nível tissular, a apo C II (cofator) estimula a lipase lipoproteica (LPL), uma enzima endotelial que vai degradar o CM em ácidos gordos livres e colesterol, que serão absorvidos pelas células, e glicerol. O resultado é um complexo lipídico mais pequeno, o quilomicron remanescente, que é transportado para o fígado.

- A absorção do CM remanescente no fígado depende dos receptores apo E - apo B48. As diferenças genéticas no genótipo da apo E podem levar a diferenças na absorção dos restos, sendo que uma absorção retardada aumenta o risco de doenças cardiovasculares.

Transporte de lípidos endógenos

- Através de uma redistribuição interna, os TG e os CE são embalados no fígado em VLDL (lipoproteínas de muito baixa densidade) e libertados diretamente na corrente sanguínea.

- O complexo VLDL contém apo B-100 e é transformado pela LPL em

VLDL remanescente (=IDL). O destino dos   IDL   (
    IntermediaryDensity

Lipoproteínas):

- Absorvido pelo fígado (através dos receptores apo E - apo B100);

- As IDL (a maioria) são transformadas em LDL , que transportam os CE para as células periféricas. Os tecidos têm receptores específicos para LDL que se distribuem na superfície das células.

- O LDL representa 70% do colesterol total; mais de metade é utilizado pelo fígado e pelos órgãos que necessitam de colesterol (ovário, testículos, supra-renais);

Transporte inverso do colesterol

- o excesso de colesterol nos tecidos periféricos é absorvido sob a forma de CF, pelas proteínas ABC1, dando origem ao HDL nascente.

- Antes de ser absorvido, o CE (forma de depósito intracelular de colesterol) é transformado em FC.

- No plasma, o HDL nascente contendo FC é convertido em CE pela enzima lecitina-colesterol-acil transferase (LCAT), resultando no HDL maduro.

■ A absorção de HDL pelo fígado é mediada pelos receptores de sequestro SR- BI.

■ No fígado, o EC é transformado em FC, que é excretado na bílis.

■ No sangue, grande parte do CE parece ser transferido para os resíduos de quilomícrons, LDL e VLDL pelas CETP (proteínas de transferência de ésteres de colesterol) e PLTP (proteínas de transferência de fosfolípidos). Teoricamente, a inibição ou o bloqueio das CETP conduzirá mais colesterol para o fígado.

O colesterol tem as seguintes funções:

* Síntese de biomembranas;

* Síntese das hormonas esteróides: supra-renais e gonadais

* Síntese de ácidos biliares

* Síntese da vitamina D

Mecanismos que regulam os níveis de colesterol no sangue:

* O nosso organismo produz e assimila o colesterol a partir da alimentação. A absorção intestinal do colesterol é ajustada, dependendo da ingestão. Uma ingestão elevada de colesterol limitará o nível de absorção intestinal e uma ingestão baixa de colesterol aumentará a sua absorção.

* O colesterol entra nas células depois de as LDL se ligarem a receptores específicos distribuídos na superfície da célula. Na célula, o LDL entra nos lisossomas, onde o complexo é degradado em produtos finais: O CE é transformado em colesterol livre (CF); os TG em ácidos gordos livres; as proteínas em aminoácidos. O excesso de colesterol é depositado sob a forma de CE, após esterificação pela enzima *Acil CoA Colesterol Aciltransferase (ACAT)*.

- A produção endógena de colesterol pode ser suprimida através do bloqueio *da transcrição dos receptores de LDL* e do bloqueio da enzima chave na síntese do colesterol: *a HMGCoA-redutase.* As estatinas, medicamentos utilizados para baixar o colesterol, estão a bloquear a HMGCoA-reductase.

Efeito da dieta e do exercício físico nos lípidos séricos:

- LDL e VLDL diminuem com uma dieta pobre em colesterol e gordura

- Uma dieta controlada com baixa ingestão de hidratos de carbono pode diminuir os níveis de VLDL, TG

- O exercício regular diminui os níveis de LDL e aumenta os níveis de HDL

Factores de risco para a doença arterial coronária:

- Inflamação - aumento da hsCRP

- Hiperlipemia - aumento do colesterol, triglicéridos e colesterol LDL, LDL oxidado.

- Intolerância à glicose - OGTT modificado

- Fumo de cigarros (radicais livres, NO), stress

Avaliação dos níveis lipídicos - após pelo menos 12 horas de jejum:

- A camada cremosa no topo e o soro claro (após uma noite a 2-8 °C) sugerem um aumento de quilomícrons.

- As amostras turvas sugerem um aumento das VLDL

- As HDL e as LDL são pequenas e não causam turvação nas amostras se estiverem aumentadas.

- Intervalos de referência:

Lípidos totais: 500 - 800 mg/dl

Colesterol: 110 - 200 mg/dl (< 5,0 mmol/L)

Triglicéridos: 50-150 mg/dl (< 2,0 mmol/L)

HDL-col: > 35; > 45 mg/dl (> 1,55 mmol/L)

LDL-col:	70 - 130 mg/dl (3,5-4,4 mmol/L)
Apo B:	Homens: 0,63-1,88 g/l; Mulheres: 0,56-1,82 g/l
Apo A1 :	Homens: 1,09-1,84 g/l; Mulheres: 0,60-2,28 g/l

- Os intervalos de referência podem variar, dependendo da região geográfica, dos hábitos alimentares e do perfil genético de uma população. Nos indivíduos saudáveis, o colesterol e os triglicéridos séricos aumentam com a idade e são diferentes nos homens e nas mulheres, pelo que, idealmente, o intervalo de referência deve estar relacionado com a idade/género.

- Fórmulas utilizadas para os cálculos:

Colesterol LDL [mg/dl] = Colesterol total - (VLDL + HDL); VLDL= TG/5

A fórmula só é válida para TG < 400 mg/dl.

Lípidos totais [mg/dl] = 2,25 x Colesterol total + TG + 90

HIPERLIPEMIAS

A hiperlipidemia refere-se a um aumento do colesterol (hipercolesterolemia), dos triglicéridos (hipertrigliceridemia) ou a uma hiperlipemia mista (tanto o colesterol como os triglicéridos estão aumentados).

Causas:

Secundária (mais frequente):

- Diabetes mellitus

- Hipotiroidismo - LDL, IDL aumentados

- Síndrome nefrótica - aumento das LDL, provavelmente devido ao aumento da produção de VLDL

- Doenças do fígado:

o Colestase: obstrução extra-hepática/ intra-hepática (tumores).

o Lipoproteínas anormais

- Lp -X = colesterol e lecitina.

- Lp-Y = triglicéridos e apo B.

- Gravidez

- Excesso de álcool

- Anticoncecional oral

- Dieta rica em colesterol e lípidos

Sintomas: xantoma, intolerância à glucose, doenças precoces da gordura

Primário (herdado)

o   A classificação de hiperlipemia da OMS baseada na classificação de Frederickson (1971) é apresentada no Quadro 1.

o   A hereditariedade e a prevalência das hiperlipidemias primárias variam:

- hipercolesterolemia familiar (tipo IIa) - AD; 1:500

- hiperlipidemia familiar combinada (tipo IIb, IV, V) - AD; 1:300

- deficiência familiar da lipoproteína lipase/deficiência do cofator apo CII (tipo I) - RA; 1:1 000000

- Hiperlipidemia remanescente (tipo III) - 1:3 000

Deficiência familiar de LPL - Tipo I

- Clínica: pancreatite aguda, hepato-, esplenomegalia, sem excesso de peso, xantoma, dor abdominal, lipemia retiniana

- Os triglicéridos são 10 vezes superiores ao UNL

- Sem risco aumentado de doença arterial coronária

- Risco de pancreatite aguda

Tabela 1: Classificação das hiperlipidemias primárias.

OMS	COLESTEROL	TRIGLÍCERIDES	Fração	Aspeto do

classif.			modificada	soro
Tipo I	< 260 mg/ dl	>1000 mg/ dl	Quilomícrons	Transparente com camada cremosa
Tipo II a	> 300 mg/ dl	< 150 mg/ dl	LDL	Limpo
Tipo II b	< 350 mg/ dl	150-300 mg/dl	LDL e VLDL	Turvo
Tipo III	< 350 mg/ dl	350-500 mg/ dl	Quilomícrons remanescentes	Turvo com camada cremosa
Tipo IV	< 260 mg/ dl	200-1000 mg/dl	VLDL	Turvo
Tipo V	> 300 mg/ dl	>1000 mg/ dl	VLDL e quilomícrons	Turvo com camada cremosa

Hipercolesterolemia familiar - Tipo IIa

- Aumento do colesterol LDL

- Anomalia no gene que codifica os receptores para os receptores apoB100-LDL-Chol

- Clínica: xantoma do tendão, xantelasma

- Risco elevado de doenças cardiovasculares: 85% dos heterozigotos terão um enfarte do miocárdio até aos 60 anos de idade.

Hiperlipemia Combinada Familiar - Tipo IIb, IV, V

- Sobreprodução de B-100 associada a VLDL

- sem xantoma do tendão!

- Tipo IIb: VLDL e LDL aumentados

- Tipo IV: aumento das VLDL; defeito familiar do ligando apo B, devido a mutações no domínio do ligando da apo B100. Sobreprodução de TG.

- Tipo V: VLDL e quilomícrons aumentados

- Risco moderado de doenças cardiovasculares

Dis-beta-lipoproteinemia familiar - Tipo III

- Causa: isoformas da apo E (E2/E2) que são maus ligantes; E2/E2 em 1% da população;

- Aumento dos restos de quilomícrons e VLDL (IDL) na circulação

- Xantoma, obesidade, deposição de gordura nas pregas palmares

- Doenças cardiovasculares frequentes

TRATAMENTO DAS HIPERLIPIDEMIAS:

- **Alterar a dieta e o estilo de vida; fazer exercício físico**

- **Estatinas**: Inibidores da HMG-CoA redutase; o aumento dos receptores de LDL aumenta a depuração do LDL e diminui a síntese endógena de colesterol

- **Fibratos:** estimulam a LPL, aumentando a depuração lipoproteica dos complexos ricos em triglicéridos

- **Niacina:** diminui a síntese de VLDL no fígado e aumenta a síntese de HDL

- **Estrogénios:** aumentam os receptores tissulares de LDL e aumentam o HDL

- **Colestiramina:** é o medicamento mais seguro para o tratamento da hipercolesterolemia. Liga-se aos sais biliares, interferindo com a sua reabsorção no intestino delgado. Como os sais biliares são sintetizados a partir do colesterol, ajuda a reduzir o colesterol LDL sérico.

HIPOLIPEMIAS

Hipolipoproteinemia secundária

- Caquexia crónica (cancro)

- Utilização rápida de LDL: doenças mieloproliferativas

- Má absorção intestinal

- Doenças das imunoglobulinas: crioglobulinas, globulinas do mieloma, formando complexos de Ig-lipoproteínas

- enteropatia por perda de proteínas

Hipolipoproteinemia primária:

Hipoalfa-lipoproteinemia:

- **A doença de Tânger** provoca a deposição de colesterol nos macrófagos de todo o organismo devido a uma perturbação do efluxo celular e à ausência de HDL

- **< 50% de HDL**, apo A-I e apo A-II

- as mutações no ABCA1 bloqueiam o efluxo de colesterol dos tecidos periféricos

- Clínica: córnea opaca em idade jovem

- A FC (não esterificada) e os fosfolípidos acumulam-se na microcirculação renal, seguindo-se a proteinúria

- HDL anormal: discos de bicamada e pequenas partículas esféricas.

- Amígdalas grandes, cor de laranja e gordas (CE acumulado)

- Neuropatia, esplenomegalia, infiltração da córnea

Hipo-beta-lipoproteinemia:

o **a-beta-lipoproteinemia** - refere-se à deficiência de apo B:

▪ Mutações na MTTP (proteína de transferência de triglicéridos microssomal)

▪ Os homozigotos só têm problemas: ausência de CM, VLDL e LDL no plasma

▪ Triglicéridos < 11 mg/dl (<0,12 mmol/L)

▪ Colesterol total < 90 mg/dl (2,3 mmol/L)

▪ Presença de acantócitos (rácio Chol/PL elevado) e degeneração da retina

- Crianças normais à nascença, mas que mais tarde apresentam esteatorreia e atraso no crescimento

o **Retenção de quilomícrons**

- Em recém-nascidos: o intestino não produz quilomícrons, apo B48

- LDL e VLDL são 50% do normal

A diabetes mellitus (DM) é uma síndrome caracterizada por níveis crónicos elevados de glicose no soro, associados a caraterísticas clínicas: polidipsia, poliúria.

Classificação da DM:

I. Deficiência de insulina - Tipo I, com início juvenil, HLA DR3 e DR4

II. Resistente à insulina - Tipo II, obeso e não obeso

III. Secundário, causado por:

i. Doença pancreática - pancreatite aguda

ii. Doença hormonal (cortisol, hiperaldosteronismo, excesso de hormona do crescimento, feocromocitoma)

iii.Agentes químicos (alguns medicamentos - diuréticos, fenitoína, ciclosporina)

iv.Doenças genéticas (distrofia muscular, fibrose cística, doença de armazenamento do glicogénio de tipo I).

Critérios de diagnóstico:

I. Níveis aleatórios de glucose no soro superiores a 200 mg/dl

II. Níveis de glicose no soro em jejum superiores a 126 mg/dl

III. Um teste oral de tolerância à glucose (OGTT) está indicado quando a glucose em jejum ou a glucose plasmática aleatória não se encontram dentro dos limites superiores de referência. Este teste também é recomendado na glicosúria da gravidez.

IV. Sintomas clínicos: polidipsia, poliúria, perda de peso

V.Glicose positiva na urina se a glicemia for superior a 180 mg/dl

VI. A hemoglobina glicada (HbA1c) é > 6,3%. Este teste avalia os níveis glicémicos médios dos últimos 2 meses. É útil também em unidades de urgência, por exemplo, em doentes com enfarte agudo do miocárdio devido a uma DM não diagnosticada. Esse exame tem limitações em pacientes com anemia ou aumento de hemácias (pessoas que vivem em altitudes elevadas).

Tabela 2: Critérios de diagnóstico de DM segundo a Associação Americana de Diabetes (1997), adoptados pela OMS em 1998. IGT = Tolerância à glicose diminuída, IFG = Glicemia de jejum diminuída (hiperglicemia na linha de base, mas OGTT normal). IGT e IFG não representam entidades clínicas, mas representam factores de risco cardiovascular e/ou de DM.

	Glicemia [mg/dl]
NORMAL - jejum - OGTT às 2 h	 < 100 < 140
DIABETES - jejum - OGTT às 2 h	 > 126 > 200
IGT - jejum - OGTT às 2 h	 < 125 > 140
IFG - jejum - OGTT às 2 h	 110 - 125 < 140

Alterações metabólicas na DM:

- Hiperglicemia

- Aumento dos níveis de ácidos gordos livres no plasma. Se forem utilizados como combustível energético, a utilização da glucose é inibida.

- Redução da absorção de glucose nos tecidos periféricos, devido a deficiência ou resistência à insulina

- Aumento dos triglicéridos. O aumento da concentração de ácidos gordos livres aumenta a síntese de corpos cetónicos no fígado.

Complicações da DM:

- **Aguda:**

o *Hipoglicemia - causada por excesso de insulina*

o *Cetoacidose - aumento das hormonas antagonistas da insulina, devido a infecções ou tratamento inadequado.* A hiperglicemia associada à depleção de sódio e água pode levar a hiperpotassemia (devido à acidose e à deficiência de insulina que normalmente introduz K, Mg e fósforo na célula) ---Aumento da depleção de fósforo e Mg--- Aumento de cetona na urina (acidose metabólica) e hiperventilação (Kussmaul, para compensar a acidose).

o *Coma hiperosmolar - ocorre principalmente na DM tipo II. A cetoacidose está ausente ou é ligeira.* A água é maioritariamente perdida, hipersodemia, ureia plasmática e osmolalidade plasmática elevadas.

o *Acidose láctica* - relacionada ao uso de biguanidas no DM tipo II.

- **Crónica:**

o *Retinopatia* - artérias retinianas refractivas

o *Nefropatia* - proteinúria, microalbuminúria positiva

o *Neuropatia* - pé diabético, danos neurais e vasculares (isquemia) estão presentes

o *Cardiovascular* - risco de enfarte do miocárdio, devido à isquémia dos vasos sanguíneos (artérias) pelos ateromas.

Monitorização do tratamento da DM:

- *Teste de glucose na urina;* um teste positivo indica níveis elevados de glucose superiores a 180 mg/dl

- *Glicose no soro ou no sangue capilar.* Os valores de glucose no sangue capilar são inferiores aos do soro ou do plasma. O método mede efetivamente a glicose dissolvida no plasma e, se for utilizado sangue capilar, parte do volume é ocupado por glóbulos vermelhos.

- O teste *da hemoglobina glicada (HbA1c)* não é influenciado pela dieta e reflecte os valores glicémicos dos últimos 2 meses. Uma diminuição de 1% pode ter um benefício ao reduzir o risco de eventos cardiovasculares, complicações renais e neurológicas em 5 a 25%.

Hipoglicemia

- Recém-nascidos, especialmente recém-nascidos pequenos para a idade gestacional (SGA)

- Insulinoma - A hipoglicemia em jejum com hiperinsulinemia absoluta ou relativa coexistente tornou-se a base para o diagnóstico de insulinoma.

- O carcinoma tende a estar associado às percentagens mais elevadas de pró-insulina, normalmente acima de 50%, e valores mais baixos indicam um tumor benigno.

- Hipopituitarismo - LH, FSH, prolactina, TSH estão diminuídos

- Doença de Addison - insuficiência suprarrenal; testar com a administração de ACTH e medir o cortisol no soro e na urina 30 min e 60 min após a injeção.

- Sobredosagem de insulina

- Fome

ÁCIDO ÚRICO

É o produto final da oxidação (degradação) do metabolismo das purinas (adenina, guanina) e é excretado na urina.

- Cerca de 70% da eliminação diária de ácido úrico ocorre ao nível dos rins e uma excreção renal deficiente conduz à hiperuricemia.

- A acumulação sérica de ácido úrico pode levar a um tipo de artrite conhecida como **gota:** uma história clássica de um ou mais episódios de artrite monoarticular seguidos de períodos intercríticos. A inflamação máxima desenvolve-se em 24 horas. Resolução rápida da sinovite após terapêutica com colchicina.

- Caraterística da gota:

- Ataque unilateral à primeira articulação metatarsofalângica,

- Hiperuricemia,

- Quistos ósseos subcorticais visíveis numa radiografia simples de raios X,

- líquido articular estéril obtido de uma articulação afetada durante um ataque.

A hiperuricemia também pode resultar de:

- Consumo elevado de alimentos ricos em purinas: carne de veado (veado, porco selvagem)

- Consumo elevado de frutose

- Excreção renal deficiente

A hipouricemia tem sido associada a:

- Esclerose múltipla: doentes em recaída com uma média de ~2,68 mg/dL em comparação com controlos saudáveis com uma média de ~4,87 mg/dL.

- A baixa ingestão de zinco na dieta causa níveis mais baixos de ácido úrico. Este efeito pode ser ainda mais pronunciado em mulheres que tomam medicamentos contraceptivos orais.

- O sevelamer, um medicamento indicado para a prevenção da hiperfosfatemia em doentes com insuficiência renal crónica, pode reduzir significativamente o ácido úrico sérico.

EXPLORAÇÃO DAS DOENÇAS DO FÍGADO

Papel do fígado na:

- síntese proteica

- metabolismo dos hidratos de carbono

- metabolismo lipídico

- secreção biliar

- coagulação e fibrinólise

- inativação de algumas hormonas

- desintoxicação (metabolitos, medicamentos)

Lesões morfopatológicas que se desenvolvem no fígado:

Inflamação, Necrose, Fibrose, Esteatose, Colestase, Processos tumorais.

I. Testes que indicam um processo inflamatório

A inflamação é uma manifestação biológica do tecido vascular com infiltração de plasmócitos no tecido, como resposta a estímulos nocivos, tais como agentes patogénicos, células danificadas ou irritantes:

- Rubéola, CMV, Epstein Barr

- Intoxicação química - Clorofórmio, pirimidifeno

- Hepatite (A, B, C, D, E)

- Cogumelos tóxicos

- Febre amarela

- Cálculos biliares

- Pórfiro Cutanea Tarda

- Hepatite alcoólica

A infiltração de plasmócitos (linfócitos B) no tecido produzirá Ig.

O IgM é o primeiro anticorpo a aparecer em resposta à exposição inicial ao antigénio (infeção primária).

O IgG é o anticorpo que confirma a imunidade a um determinado antigénio e aumenta na infeção secundária. Por isso, é importante saber qual o anticorpo que é testado, IgM ou IgG, na exploração de uma doença infecciosa.

Em algumas doenças hepáticas, as Ig estão aumentadas:

- Hepatite crónica - IgG

- Cirrose biliar - IgM

- Hepatopatia alcoólica - IgA

II. Testes que indicam a citólise dos hepatócitos

A citólise da célula hepática pode ser o resultado de:

- lisões osmóticas, causadas pelo rebentamento ou rutura da membrana celular quando a célula já não consegue conter o influxo excessivo de água,

- a degeneração da célula causada pela rutura da membrana celular.

Antes de ocorrer a citólise, por influxo de líquido extracelular, alguns testes podem indicar o aumento da permeabilidade celular:

1. **ALAT, ASAT-** A ALAT é mais abundante no citoplasma, enquanto 40% da ASAT na célula está localizada na mitocôndria. Por conseguinte, a ALAT aumenta primeiro quando a membrana celular se expande. Na colestase, podem ocorrer pequenas elevações da ALAT.

2. **LDH 5**

3. **OCT** (ornitina carbamoiltransferase), **SDH** (succinato desidrogenase), **ICDH** (isocitrato desidrogenase) - enzimas que estão presentes nas mitocôndrias, como enzimas específicas do ciclo de Krebs.

4. **GLDH** (Glutamato Desidrogenase) - presente nas mitocôndrias.

O grau de aumento depende de:

- Número de células envolvidas e grau de lesão celular

- Vascularização do tecido danificado

- Existência de uma barreira inflamatória

- Tempo de meia-vida da enzima

- Hepatite aguda viral - aumentos de 10-50x; ALAT especialmente; as transaminases aumentam antes de ocorrer hiperbilirrubinemia.

- Hepatite crónica - aumentos na ordem dos 5-20x

- Ativação da hepatite crónica - aumento do ASAT, como sinal de necrose; o coeficiente de Rittis (ASAT/ALAT=1,3) aumenta.

- Cirrose compensada - aumentos estáveis - 2-3x;

- Hepatopatia alcoólica 5-10 x, especialmente ASAT

- Cirrose hepática parenquimatosa não compensada - valores normais ou ligeiro aumento

- Processos tumorais - apenas um ligeiro aumento; mais ASAT (lesões necróticas)

- Necrose aguda (intoxicação por fungos, solventes organofosforados) - aumento elevado do ASAT 100x. O aumento da LDH é mais específico e extenso do que o ASAT nestas intoxicações em comparação com a inflamação infecciosa.

III. Testes de avaliação da síntese hepática de proteínas

1. **Che** (colinesterase) - tem um grande intervalo de referência para os valores individuais; a diminuição da Che revela uma diminuição da proteosintese hepática

o valores diminuídos podem aparecer em caso de anemia grave, desnutrição, má absorção, reação de fase aguda, intoxicação com organofosforados;

o   valores aumentados podem aparecer no tipo de obesidade abdominal (síndrome metabólica), HLP tipo IIb, IV, V, síndrome nefrótica.

2. **PT** (Tempo de protrombina) ou Tempo rápido (QT) - O FVII tem um $T_{1/2}$ curto (6-8 horas). É útil no diagnóstico de insuficiência hepática aguda.

3. **As albuminas** não são úteis na insuficiência hepática aguda. Na cirrose hepática com ascite, partes das albuminas passam para o líquido ascítico (seguido da sua diminuição no sangue).

IV. Testes que indicam colestase

1. **ALP** (Fosfatase alcalina)

2. **Ácidos biliares** séricos - teste sensível da doença hepatobiliar

3. **GGT** (Gama glutamil transferase); Níveis séricos elevados ocorrem em: administração de álcool, fenobarbitona, fenitoína, rifampicina.

4. **5Nt** (5 nucleotidase) - ao contrário da GGT, não é afetada por agentes indutores de enzimas

5. **Bilirrubina urinária** - indica aumento da bilirrubina direta, presente na colestase.

Causas da colestase:

- Obstrução biliar

- Danos hepatocelulares

- Síndrome metabólica (esteatose hepática)

V. Testes que indicam a fibrose hepática - Fibrotest

O FibroTest, conhecido como FibroSure nos EUA, é um teste de biomarcadores patenteado que utiliza os resultados de seis análises ao soro sanguíneo para gerar uma pontuação que está correlacionada com o grau de danos no fígado em pessoas com uma variedade de doenças hepáticas.

O FibroTest tem o mesmo valor prognóstico que uma biópsia hepática, considerada o método padrão de ouro na estadialização da fibrose hepática.

O FibroTest foi avaliado em relação à biopsia hepática num grande número de doentes com hepatite C, hepatite B, doença hepática alcoólica, doença hepática gorda não alcoólica e na população em geral.

A pontuação FibroTest é calculada a partir dos resultados de uma análise ao sangue com seis parâmetros:

1. **Alfa-2-macroglobulina,**

2. **Haptoglobina,**

3. **Apolipoproteína A1,**

4. **Gama-glutamil transpeptidase (GGT),**

5. **Bilirrubina total,**

6. **Transaminases de alanina (ALT).**

Derivados do FibroTest:

- ActiTest: diagnóstico de hepatite necrótico-inflamatória;

- SteatoTest: diagnóstico da esteatose hepática;

- NashTest: diagnóstico da inflamação da NASH (Esteato Hepatite Não Alcoólica);

- AshTest: diagnóstico da inflamação da doença hepática alcoólica.

Os testes não são aplicáveis em 1 a 5% dos casos:

- Hepatite aguda - por exemplo, hepatite viral aguda A, B, C, D, E; ou hepatite induzida por drogas

- Colestase extra-hepática, por exemplo, cancro do pâncreas, cálculos biliares

- Hemólise grave, por exemplo, transfusão com grupo sanguíneo incompatível

- Síndrome de Gilbert com hiperbilirrubinemia não conjugada elevada

- Síndrome inflamatória aguda

Nestas situações, a análise ao sangue pode ser adiada até que seja viável.

VI. Outros testes específicos que são modificados em doenças hepáticas

o **Hematológico:**

1. Células alvo (doença hepática),

2. megalócitos (álcool)

3. Tempo de protrombina (TP) e tempo de tromboplastina parcial activada (TTPA):

O TP está a testar a via extrínseca - tratamento anticoagulante oral (cumarona)

Teste APTT via intrínseca (VIII; IX; XI; XII) - tratamento anticoagulante intravenoso (heparinas, HMWH = heparinas de elevado peso molecular)

o **Títulos de anticorpos:**

1. Mitocondrial Ab - cirrose biliar primária

2. Fator antinuclear e Ab do músculo liso - doença autoimune do fígado e dos canais biliares

o **Antigénios e anticorpos para a hepatite viral:** HVA Ab (para VHA), e HBs Ag, HBe Ag, HBe Ab, HBs Ab para VHB, e HVC Ab e viremia para VHC.

▪ **Os antigénios de superfície da hepatite B (HBsAg)** aparecem 1 semana a 2 meses após a exposição e aproximadamente 2 semanas a 2 meses antes do início dos sintomas. O HBsAg desaparece durante a fase de convalescença da doença aguda e é um indicador de infeção aguda ou de infeção crónica com antigenemia não resolvida.

▪ **Os anticorpos de superfície da hepatite B (HBsAb)** aparecem quando os antigénios desaparecem. A presença destes anticorpos indica recuperação e imunidade. *Após a vacinação contra a VHB, o HBs Ab deve ser verificado após* *cinco anos, para avaliar o título que confere proteção.*

- **O antigénio da hepatite Be (HBe Ag)** aparece antes do início da doença clínica, depois do HBsAg, e desaparece em cerca de 2 semanas. A presença do HBe Ag indica uma replicação viral ativa e a maior parte da infecciosidade.

- **Os anticorpos contra o antigénio da hepatite Be (HBe Ab)** aparecem pouco depois do desaparecimento do HBe Ag. A sua presença em doentes com hepatite B aguda sugere que a infeção está a desaparecer ou que não existe doença hepática complicada. O HBe Ab pode ser positivo em portadores crónicos assintomáticos.

Os anticorpos nucleares da hepatite B (HBcAb) surgem após o aparecimento dos antigénios de superfície. Os HBcAb persistem ao longo da vida e são um marcador de infeção anterior.

VII. Testes que indicam doenças específicas que afectam o fígado

- **Doença de Wilson** - o cobre sérico e a ceruloplasmina estão diminuídos

- **Hemocromatose** - o ferro sérico e a ferritina estão aumentados, a saturação da transferrina é >50%.

- **Alfa-1 antitripsina** - deficiência de alfa-1 antitripsina sérica

- **Alfa-fetoproteína** - sintetizada pelo fígado do feto até cerca das 13 semanas; a sua síntese cessa após o nascimento. Aumenta no cancro primário do fígado. Outras doenças não malignas podem produzir aumentos ligeiros: hepatite, cirrose alcoólica, colite ulcerosa. Aumenta também nos teratomas do testículo ou do ovário, o que é útil na monitorização da terapêutica.

JAUNDICE

A bilirrubina resulta da degradação **do heme**. **O heme** é um membro de uma família de compostos denominados **porfirinas**. Muitas proteínas importantes contêm heme como um grupo prostético.

Proteínas Heme:

- Hemoglobina (transporte de oxigénio)

- Mioglobina (transporte de oxigénio)

- Citocromos (transporte de electrões)

- Catalase (H_2O_2 utilização)

Degradação da hemoglobina e conversão em bilirrubina e pigmentos biliares

A maior parte do heme que é degradado provém da **hemoglobina (Hb)** dos glóbulos vermelhos, que têm um tempo de vida de cerca de 120 dias. Existe assim uma rotação de cerca de 6 g/dia de hemoglobina. Normalmente, os glóbulos vermelhos senescentes e o heme de outras fontes são absorvidos pelas células do sistema reticuloendotelial.

Transporte vascular de hemoglobina após degradação da Hb

- **Haptoglobina**: o complexo hemoglobina-haptoglobina é metabolizado no fígado e no baço, formando um complexo ferro-globina que impede a perda de ferro pela urina.

- **Hemopexina**: liga o heme livre. O complexo heme - hemopexina é ultrapassado pelo fígado, sendo o ferro depositado sob a forma de **ferritina.**

- **Metemalbumina**: complexo heme oxidado - albumina. A globina é reciclada ou convertida em aminoácidos. O heme é oxidado.

Catabolismo da Hb

1) A conversão do heme em bilirrubina tem lugar nas <u>células do sistema reticuloendotelial</u> no baço, fígado e medula óssea. O anel heme é clivado por uma **heme oxigenase** microssomal, resultando em biliverdina, que é transformada pela biliverdina redutase em **bilirrubina não conjugada**

(indireta).

A elevada solubilidade lipídica da bilirrubina determina o seu comportamento e o seu metabolismo posterior:

• que deve ser transportado no sangue por um vetor fisiológico

albumina

• que é solúvel na bicamada lipídica das membranas celulares.

2) Conjugação da bilirrubina com ácido glucurónico: ocorre no hepatócito.

Isto aumenta a sua solubilidade em água, diminui a sua solubilidade lipídica e facilita a sua excreção. A conjugação é efectuada através da ligação de duas moléculas de ácido glucurónico pela **uridina difosfo glucuronosil transferase (UDP glucuronil transferase,** enzima de conjugação da bilirrubina).

O principal produto é o diglucuronídeo de bilirrubina, ou **bilirrubina conjugada (bilirrubina direta).** O diglucuronídeo de bilirrubina é excretado na bílis. Está sujeita a transformações subsequentes noutras espécies pelas bactérias intestinais.

3) Metabolismo do diglucuronídeo de bilirrubina por bactérias intestinais.

Em indivíduos normais, a bilirrubina intestinal é transformada por bactérias para produzir os produtos finais de porfirina encontrados na urina (urobilinogénios e urobilinas) e nas fezes (estercobilinogénio e estercobilina). Uma pequena fração de urobilinogénios é reabsorvida no sangue, extraída pelo rim e excretada na urina. A bilirrubina e os seus produtos catabólicos são coletivamente conhecidos como **pigmentos biliares**.

A iterícia é uma pigmentação amarelada da pele ou das membranas conjuntivas sobre a esclerótica e outras membranas mucosas causada por uma hiperbilirrubinémia superior a 3 mg/dl. Uma hiperbilirrubinémia inferior a 2,5 mg/dl pode não estar associada a iterícia.

O aumento da bilirrubina pode ser causado por muitos factores que levam à classificação da iterícia:

1. Icterícia pré-hepática

a. Hemólise - transfusão de sangue com grupo sanguíneo incompatível (ABO, Rh), talassemia

2. Icterícia hepatocelular

a. Icterícia neonatal fisiológica

b. Infeção: hepatite, CMV, mononucleose

c. Produtos químicos, drogas: álcool, acetaminofeno

d. Erro genético do metabolismo da bilirrubina: Síndrome de Gilbert, Crigler-Najjar, Rotor e doença de Dubin-Johnson.

e. Erros genéticos de proteínas específicas: deficiência de alfa-antitripsina, doença de Wilson

f. Autoimune: hepatite crónica ativa

3. Icterícia pós-hepática

a. Vias biliares intra-hepáticas: medicamentos, cirrose biliar primária, colangite

b. Vias biliares extra-hepáticas: cálculos biliares, tumores pancreáticos, colangiocarcinoma.

COMO ABORDAR A ELUCIDAÇÃO DA CAUSA DA ICTERÍCIA?

A iterícia está associada a bilirrubina positiva na urina?

SIM   LESÃO HEPATOCELULAR

COLESTASE PÓS-HEPÁTICA

COLESTASE INTRA-HEPÁTICA

ROTOR/SÍNDROME DE DUBIN-JOHNSON

NÃO: ICTERÍCIA FISIOLÓGICA

SÍNDROME DE GILBERT

HEMÓLISE

DEFICIÊNCIA DE GLUCURONIL TRANSFERASE

Figura 4: Icterícia pós-hepática. A bilirrubina direta aumenta na corrente sanguínea devido a um obstáculo no canalículo biliar, acumulando-se no hepatócito e "escapando" pela via reversa.

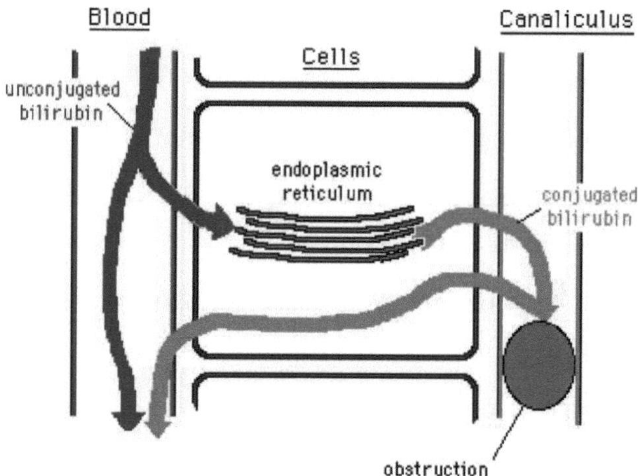

Perturbações hereditárias do metabolismo da bilirrubina

Estão relacionados com o défice de **captação (a), conjugação (b) e secreção (c)** de bilirrubina.

a. Síndrome de Gilbert causado por deficiência de captação de bilirrubina indireta.

- Aumento da bilirrubina indireta

- Função hepática normal, incluindo gama GT

- Bilirrubina negativa na urina

- O teste hipocalórico (400 kcal/24h) pode induzir iterícia nestes doentes.

b. Deficiência de glucuronil transferase - rara

- a bilirrubina não conjugada (indireta) está aumentada

- bilirrubina negativa na urina

- aparecem geralmente em recém-nascidos

- As formas graves (tipo I = ausência total), conhecidas pelo nome de síndroma de Crigler-Najjar, são incompatíveis com a vida. A deficiência do tipo II (até 10% do normal) pode ser tratada.

c. Síndromes de Dubin-Johnson e de Rotor - raras

- Causas: diminuição da excreção de bilirrubina direta do hepatócito para o canalículo biliar.

- hiperbilirrubinemia conjugada e bilirrubina positiva na urina.

- Na síndrome de Dubin-Johnson está presente uma acumulação de um pigmento preto no hepatócito

Icterícia neonatal

- aparece mais frequentemente em recém-nascidos prematuros

- aparece nos primeiros 10 dias de vida, geralmente no 4° ou 5° dia

- causas: imaturidade enzimática do hepatócito para a conjugação da bilirrubina

- Os aumentos da bilirrubina indireta são tóxicos para os recém-nascidos. A forma indireta da bilirrubina é hidrofóbica, atravessa a barreira hemato-encefálica e pode levar a iterícia nuclear (kernicterus).

- tratamento: fototerapia com UV. Na pele, a bilirrubina indireta (insolúvel) será transformada em formas hidrossolúveis de bilirrubina - não tóxicas, que são eliminadas na urina.

- administração preventiva de fenobarbital a mães com risco de parto prematuro. O fenobarbital atravessa a placenta e induz a síntese de UDP glucuronil transferases.

- iterícia não resolvida ao fim de 10 dias, levanta uma causa patológica.

EXPLORAÇÃO DO PÂNCREAS

Avaliação da função pancreática:

I. Função exócrina - desempenhada pelas células acinares. Estas células produzem as seguintes enzimas:

a. Amilase que decompõe o amido e o glicogénio e é utilizada para diagnosticar a pancreatite aguda; a amilase total representa a soma da atividade das enzimas pancreáticas e salivares. É medida no soro e na urina.

Aumentos em:

- Pancreatite aguda

- Patologia salivar: infecções (com vírus urliano - parotidites), tumores, cálculos

- Patologia de vizinhança (úlcera penetrante, isquemia mesentérica, colecistite aguda, oclusão intestinal)

- Patologia ginecológica (gravidez extra-uterina, tumor do ovário)

- Os opiáceos contraem os esfíncteres pancreáticos, o que provoca falsas elevações das amilases.

b. Tripsina

- Mais específica do que a amilase porque é produzida principalmente pelo pâncreas

- é uma enzima proteolítica (funciona na degradação das proteínas).

c. A lipase hidrolisa as gorduras para produzir álcoois e ácidos gordos. Níveis elevados estão presentes em pessoas que têm pancreatite aguda:

- normalmente acompanha os níveis séricos de amilase, aparecendo mais tarde do que a amilase após o início da pancreatite aguda e permanece elevada durante 5 a 7 dias (mais tempo do que a amilase)

- marcador útil em doenças pancreáticas mais crónicas (pancreatite, tumores pancreáticos).

- Como a amilase é excretada pelos rins, aumenta em caso de insuficiência renal, enfarte/obstrução intestinal

- nas doenças não pancreáticas, as elevações são inferiores a 3 vezes o limite superior do normal (ULN), em comparação com a pancreatite aguda, em que as elevações são 5 a 10 vezes o ULN.

II.A função endócrina é desempenhada pelos ilhéus de Langerhans e é composta por três tipos de células:

o **(1) As células α** produzem **glucagon,** que estimula a conversão do glicogénio em glicose (glicogenólise).

o **(2) As células β** são responsáveis pela produção de **insulina,** que promove a glicogénese e, por conseguinte, reduz os níveis de glicose.

o **(3) As células δ** produzem **gastrina e somatostatina**.

III. Testes funcionais:

- Endócrino:

o **OGTT** - para diagnóstico de DM

- Exócrina:

o **Teste de secretina** (medição da produção de bicarbonato)

o **Teste de Lundth** (medição da capacidade digestiva do pâncreas)

o **Os electrólitos do suor** são medidos para diagnosticar a fibrose quística. O nitrato de pilocarpina é utilizado para estimular a transpiração na pele, que é recolhida num pequeno disco. O suor é eluído do disco e analisado quanto ao teor de cloreto e sódio. Também estão disponíveis programas de rastreio neonatal e testes genéticos que avaliam a presença de alterações genéticas num conjunto de genes relacionados com a fibrose quística.

o **Teste PABA** (administração oral de bentiromida, seguida de medição do ácido p-aminobenzóico na urina ou no sangue)

o **Gordura fecal**

Pancreatite aguda

- A amilase aumenta nas primeiras 6 horas após o início da doença e permanece aumentada durante cerca de 2 dias; após esse período, a amilase aumenta apenas na urina.

- Nos doentes que desenvolvem insuficiência renal aguda, a hiperamilasemia pode aumentar durante mais tempo.

- Associado a: alcoolismo, doença do trato biliar

- pode ser precipitada por: hiperquilomicronaemia (aumento dos triglicéridos acima de 400 mg/dl)

- Testes bioquímicos: amilase sérica (aumento de 5-10x UNL) e aumento da amilase urinária; tripsina sérica; lipase sérica e urinária

- Outros parâmetros: glicemia (hiperglicemia), hipertrigliceridemia, hiperbilirrubinemia, função renal (ureia, creatinina aumentada)

- Cálcio - hipocalcémia, devido a possíveis mecanismos:

• A reação de fase aguda faz cair a albumina com a consequente redução do cálcio total (a forma iónica mantém-se inalterada)

• A lipase induz a hidrólise da gordura e complexará o cálcio em formas inabsorvíveis (sabões insolúveis).

Pancreatite crónica

Caraterísticas clínicas: dor epigástrica grave, perda de peso e esteatorreia
Etiologia:

o alcoolismo, calcificação do pâncreas, pancreatite aguda recorrente o cancro do pâncreas

Investigação laboratorial:

o valores de amilase e lipase aumentados ou normais

o exame microscópico da digestão - as fezes revelam uma digestão insuficiente de lípidos, fibras, fibras musculares, glicogénio

o Testes exócrinos funcionais: Secretina, Lundth, PABA, OGTT

EXPLORAÇÃO GASTROINTESTINAL

Exploração gástrica funcional

o Acidez gástrica basal e estimulada; normalmente o fluido gástrico tem um pH<3

- pH baixo (acloridria) é indicativo de anemia perniciosa

- a hipersecreção de fluido gástrico pode ser causada por um tumor secretor (por exemplo, síndrome de Zollinger-Ellison)

- a secreção ácida no tratamento de úlceras deve ser observada

- verificar a vagotomia (por exemplo, no tratamento de úlceras)

o Infeção por Helicobacter pylori (HPyl) - teste da imunase, Ag HPyl (nas fezes), Ab HPyl (no sangue) (IgG, IgM, IgA)

Exploração das vias biliares

Drenagem biliar:

o Aspeto macroscópico (turvo, purulento): Bílis A (intestinal), bílis B (vesicular), bílis C (hepática).

o exame microscópico - leucócitos, células epiteliais, cristais de colesterol, células tumorais, quistos de Giardia

Bilicultura: na colecistite purulenta

Exploração intestinal

o Pesquisa de sangue oculto (teste de Gregersen) - detecta a presença de heme.

Atenção à alimentação (enchidos de sangue), medicamentos, hemorragias gengivais

o em caso de hemorragias digestivas - hemograma completo; pode revelar anemia normocromática e normocítica

o exame microscópico da digestão - fibras musculares, gotículas de lípidos, grânulos de amido

o Exame coproparasitológico - parasitas, ovos de parasitas

o Coprocultura - Shigella, Salmonella, E.coli (enterotoxigénica, enteropatogénica, enterohemorrágica).

Malabsorção

Caraterísticas clínicas: Diarreia, desconforto abdominal, perda de peso, deficiências nutricionais: **ferro, vitamina D e K, ácido fólico, vitamina B_{12}**

Causas:

o Má digestão: insuficiência pancreática, deficiência de sais biliares

o Malabsorção:

■ Medicamentos que afectam a mobilidade (alguns antibióticos)

■ Álcool: induz a deficiência de vitamina B_{12} / ácido fólico

■ Colestiramina (tratamento da hiperlipemia) - liga-se aos sais biliares

o Malassimilação:

■ Doença celíaca

■ Ressecção de Jejuno, estase do intestino delgado

Capítulo 6: Metabolismo do ferro e do heme

A maior parte do ferro circulante é derivada da libertação de ferro após a destruição das hemácias.

O ferro está contido nas *proteínas heme* com anel porfirínico (hemoglobina, mioglobina) e em algumas *enzimas que contêm heme* (catalase, citocromos).

A interação reversível do ferro com o oxigénio e a capacidade do ferro de funcionar em reacções de transferência de electrões tornam o ferro importante do ponto de vista fisiológico.

A absorção de ferro ocorre principalmente na forma ferrosa (Fe^{2+}), no duodeno, um nível importante onde a disponibilidade de ferro é controlada (transferrina da mucosa/ferritina da mucosa).

O transporte de ferro envolve uma proteína de transporte (o ferro livre é tóxico) chamada **transferrina**, que liga o Fe^{3+} (forma férrica). O ferro ligado desloca-se para a mitocôndria para a síntese do heme ou é armazenado nas células sob a forma de ferritina.

O armazenamento de ferro inclui formas solúveis (60%) - **ferritina** (encontrada na maioria das células) e formas insolúveis (30%) - **hemossiderina**. Um terço do ferro é armazenado no fígado, um terço na medula óssea e um terço no baço.

Eliminação do ferro - na urina, no suor e nas fezes por processos fisiológicos como descamação celular a nível intestinal, excreção biliar ou hemorragias ocultas. As mulheres (18-55 anos) perdem 25 mg de Fe com 50 ml de sangue, mensalmente.

A análise do ferro implica o exame de três compartimentos de ferro:

o células sanguíneas (hemoglobina), o ferro armazenado (ferritina),

o ferro em circulação:

▪ **O ferro sérico** reflecte o ferro da transferrina

- está diminuído durante estados de deficiência de ferro, inflamação crónica e menstruação; após perda de sangue;

- está aumentada após sobrecarga, envenenamento por ferro e hepatite, bem como durante a utilização de contraceptivos orais.

- **A capacidade de ligação do ferro** (IBC) é uma medida da concentração máxima de ferro que a transferrina pode ligar. Podem aparecer falsos aumentos no tratamento com cloranfenicol, fluoreto.

- Os níveis de **transferrina** são analisados por imunoensaios

- **A ferritina** sérica é o indicador mais sensível da deficiência de ferro. Os níveis de ferritina diminuem precocemente na anemia e aumentam precocemente nas doenças crónicas.

Os estados de doença do ferro incluem:

A.ANEMIA FERIPRIVE E DEFICIÊNCIA DE FERRO

Etiologia:

- causada por perdas de sangue (ciclo menstrual, úlcera, tumor)

- dieta inadequada (dieta à base de flores e de produtos lácteos)

- absorção deficiente: ressecção do estômago, ressecção do intestino delgado, diarreia crónica, síndrome de má absorção; *a acloridria* é um fator de risco para a má absorção de ferro

- deficiência genética da transferrina: atransferrinemia congénita

Exploração laboratorial:

- diminuição da ferritina, do ferro, da hemoglobina e dos reticulócitos

- aumento do IBC

- O esfregaço de sangue revela: normocromáticos e hipocromáticos, micrócitos, anulócitos (em fases avançadas de deficiência de ferro).

Antes da diminuição da Hb, o ferro é utilizado para a síntese de Hb.

A deficiência de ferro influencia a atividade das heminas:

o **alfa-glicerofosfato oxidase mitocondrial**: a sua deficiência leva ao aumento do *ácido lático* nos músculos (fadiga muscular)

o **A monoaminoxidase (MAO)** está envolvida no catabolismo das catecolaminas. A sua deficiência explica a *irritabilidade* (atraso no catabolismo das hormonas do stress - adrenalina, noradrenalina, dopamina)

o carência de ferro e exposição ao frio: as hormonas da tiroide não aumentam de forma correspondente, o que provoca **uma perturbação da termogénese** *(sensação permanente de frio).*

o a carência prolongada de ferro conduz a uma anemia microcítica associada a uma atrofia da mucosa digestiva: lingual, faríngea, esofágica. **A disfagia sideropénica** refere-se à *sensação de queimadura associada à dificuldade de engolir.* (Síndroma de Plummer-Vinson). **A acloridria** da mucosa gástrica responde bem ao tratamento com ferro.

A atransferrinemia congénita é uma anemia hipocrómica, com microcitose e valores muito baixos de transferrina (0-40 mg/dl em comparação com 200-400 mg/dl no controlo).

o É resistente à terapêutica com ferro.

o Remédios após perfusões com plasma ou **transferrina purificada**.

o Foram descritos anticorpos contra os receptores de transferrina.

B.SOBRECARGA DE FERRO

Hemossiderose (sem lesão tecidular, ferro nos macrófagos) - após transfusões de sangue

Hemocromatose

▪ **A hemocromatose hereditária** é uma doença da AR, na qual o ferro se deposita diretamente no fígado, no coração e nos rins, levando à falência dos órgãos.

- Aumento do ferro e da saturação da transferrina

- O IBC é muito baixo

- A mutação ou polimorfismo mais comummente associado à hemocromatose
é a **p.C282Y**. Particularmente os homens estão em alto risco de desenvolver
hemocromatose

- **A anemia sideroblástica** é causada por uma sobrecarga de ferro nas
mitocôndrias, levando à repressão da tradução da δ-aminolevulinic acid (*δ-
ALA*) synthase.

- **Hemocromatose adquirida** após eventos agudos de talassemia ou
envenenamento por chumbo. Esta doença também ocorre com a absorção
excessiva crónica da ingestão normal de ferro.

- **Aceruloplasminemia** - é uma doença da AD causada por mutações no
gene da ceruloplasmina. O ferro acumula-se no pâncreas, no fígado e no
cérebro.

Porfiria

O heme é um membro de uma família de compostos denominados porfirinas.

Muitas proteínas importantes contêm heme como grupo prostético:

- Hemoglobina (transporte de oxigénio)

- Mioglobina (transporte de oxigénio)

- Citocromos (transporte de electrões)

- Catalase (H_2O_2 utilização)

A SÍNTESE DO HEMO começa e termina na mitocôndria e tem lugar
parcialmente no citoplasma (Figura 5).

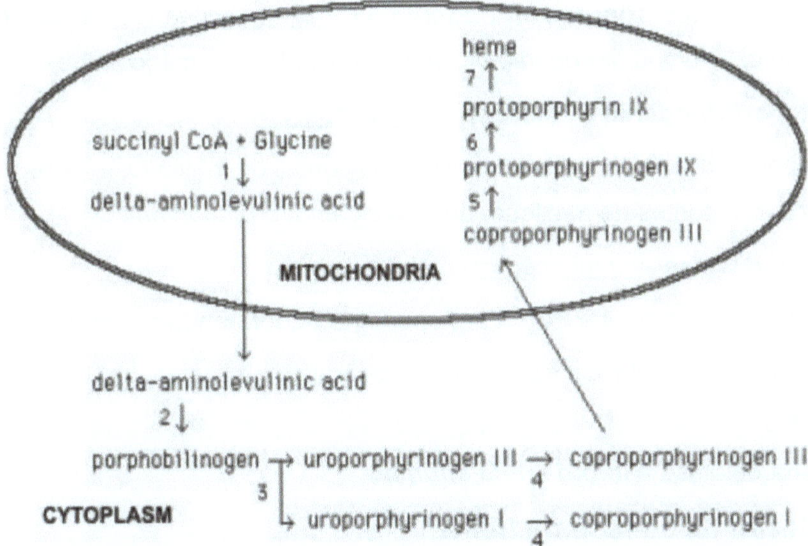

1) Delta-aminolevulinic acid synthase (*δ-ALA* synthase) - _na mitocôndria_

Os substratos são *a succinil-CoA e a glicina.*

O produto é o *ácido delta-aminolevulínico (δ ALA).*

Um cofator essencial é o fosfato de piridoxal (vit B-6).

Esta é a reação que limita a taxa de síntese do heme *em todos os tecidos,* sendo por isso fortemente regulada.

2) ALA sintase - _na mitocôndria_

Os substratos são duas moléculas de ALA.

O produto é o *porfobilinogénio,* o primeiro pirrol.

*É muito suscetível de **ser inibido pelo chumbo**.*

3) Uroporfirinogénio I sintase e uroporfirinogénio III co-sintase Os substratos são quatro moléculas de porfobilinogénio. A produção de *uroporfirina III* requer duas reacções enzimáticas no citoplasma.

4) Uroporfirinogénio descarboxilase - no citoplasma, catalisa a formação de *coproporfirinogénio III.*

5) A oxidase do coproporfirinogénio III *nas mitocôndrias* conduzirá à formação de *protoporfirinogénio IX*, **que** se encontra nas mitocôndrias.

**6) Protoporfirinogénio IX oxidase - ** *na mitocôndria*

A protoporfirinogénio IX oxidase converte as pontes de metileno entre os anéis de pirrolo em pontes de metileno, dando origem à *protoporfirina IX.*

**7) Ferroquelatase - ** *na mitocôndria*

A ferroquelatase adiciona Fe^{2+} à protoporfirina IX, formando *o heme.*

- A enzima necessita de Fe^{2+} , ácido ascórbico e cisteína (como agentes redutores).

- A ferroquelatase *é inibida pelo chumbo.*

Regulação da síntese de heme

o Os **principais locais** de síntese da porfirina são as *células da medula* óssea *e as células do fígado.*

o 85% da síntese do heme tem lugar nos eritroblastos e é finalizada nas hemácias. Na medula óssea a síntese é regulada ao nível das enzimas **ferroquelatase e porfobilinogénio desaminase.**

o No fígado, a **taxa de síntese** é controlada através da regulação da enzima *δ-aminolevulinic* **acid (δ-ALA) synthase** pela bainha (feedback negativo)

o **Certos medicamentos e esteróides** podem aumentar a síntese de heme através do aumento da taxa de produção da enzima ALA sintase (doping no desporto).

Resumo

A porfirina é sintetizada a partir de quatro anéis de pirrol, cujas cadeias laterais são substituídas pelos oito átomos de hidrogénio.

As cadeias laterais são constituídas por uma variedade de substâncias (ácido A-acético; M-metil; P-ácido propiónico; V-vinil) (Figura 6).

Nomes de Porfirinas:

Os nomes das porfirinas são constituídos por uma **palavra** e um **número**, por exemplo, uroporfirina III. A palavra indica os tipos de substituintes encontrados no anel, e o número refere-se à forma como estão dispostos.

Há três **palavras** importantes:

* **a uroporfirina** contém apenas A e P

* **a coproporfirina** contém apenas M e P (A foi alterado para M)

* **a protoporfirina** contém M e P e V (algum P foi transformado em V)

Existem duas **séries numeradas** importantes, **I e III**. As séries II e IV não ocorrem em sistemas naturais. Na série I, os substituintes repetem-se de forma regular, por exemplo, **APAPAPAPAP** (começando pelo anel I). Na série III, a ordem dos substituintes no anel IV é invertida: **APAPAPPA**. (Figura 6).

Figura 6: Estrutura e nomenclatura das porfirinas.

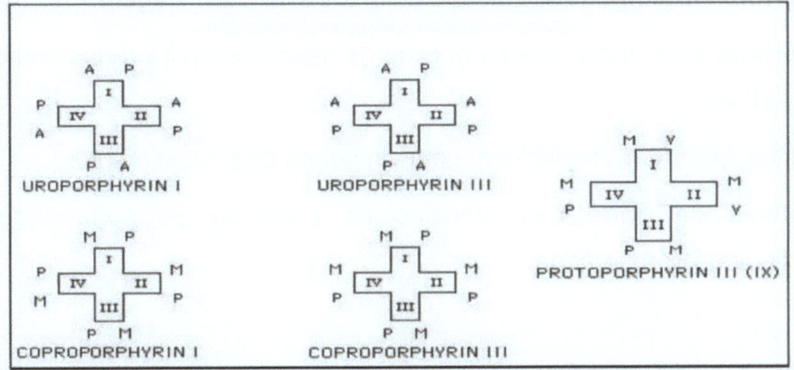

$$-CH_2COOH \; (A) \;\rightarrow\; -CH_3 \; (M)$$

acetic acid $\qquad\qquad$ methyl

$$-CH_2\text{-}CH_2COOH \; (P) \;\rightarrow\; -CH_2\text{-}CH_3 \; (E) \;\rightarrow\; -CH=CH_2 \; (V)$$

propionic acid $\qquad\qquad\qquad\qquad$ vinyl

Que porfirinas podem ser medidas?

A solubilidade determina as vias de excreção, o que depende do número de grupos carboxilados (-COO⁻):

o **uroporfirinas**, 8 carboxilatos (mais solúveis, são excretadas na urina)

o **coproporfirinas**, 4 carboxilatos (é excretada tanto na urina como nas fezes)

o **protoporfirinas**, 2 carboxilatos (menos solúveis, são excretadas nas fezes)

o **porfobilinogénio (PBG) e o ALA** são precursores das porfirinas e são tipicamente encontrados na urina em doentes com porfiria aguda.

As porfirinas eritrocitárias livres (FEP) são porfirinas que podem ser extraídas das hemácias (protoporfirina). As FEP estão aumentadas em pessoas com envenenamento por chumbo e anemia por deficiência de ferro.

Os testes qualitativos incluem testes para:

(1) Porfobilinogénio na urina, que é um teste de despistagem

(2) porfirinas na urina, que é um teste de despistagem da uroporfirina e da coproporfirina

Os testes quantitativos incluem uma variedade de procedimentos:

1. **Análises de urina** para deteção da presença de porfobilinogénio, uroporfirina e coproporfirina,

e ALA

2. **As análises ao sangue** incluem a análise da ALA desidratase (uma enzima no sangue que decompõe o ALA) e da protoporfirina do sangue total ou dos eritrócitos

3. **Pesquisa** de coproporfirina e protoporfirina **nas fezes**

CLASSIFICAÇÃO DAS PORFÍRIAS:

Com base nos <u>sinais e sintomas</u> manifestados pelo doente, neurológico versus cutâneo:

A. As PORFÍRIAS NEUROLÓGICAS incluem os sintomas de dor abdominal, comportamento psicótico e dificuldades neuromusculares.

As três porfirias neurológicas têm em comum <u>o aumento dos níveis urinários de ALA e de porfobilinogénio</u>.

o **Porfiria aguda intermitente (PIA)** (mais comum) - aumento da **uroporfirina**.

▪ causada por **_deficiência de porfobilinogénio desaminase_**,

envolvidos na conversão do porfobilinogénio em uroporfirinogénio III.

▪ A atividade da ALA sintase está aumentada porque a deficiência da enzima porfobilinogénio desaminase não consegue aumentar a produção de heme. Resultado: aumento maciço de produtos intermédios/precursores da porfirina.

▪ Clínica: dor abdominal, vómitos, obstipação, depressão com

▪ disfunções neurológicas: neurite periférica, paralisia respiratória, morte.

▪ Laboratório: uroporfirina que altera com o tempo a cor da urina exposta à luz (torna-se mais escura); ALA e PBG urinários aumentados. As lesões cutâneas não ocorrem na AIP porque nesta doença apenas se acumulam os precursores das porfirinas, não as porfirinas.

o **Porfiria variegada** (rara) - aumento da **protoporfirina e** da **coproporfirina**.

o **Coproporfiria** (rara) - aumento dos níveis de **coproporfirina**.

B. As PORFÍRIAS CUTÂNEAS são induzidas pela presença de um excesso de precursores de porfirinas na pele, que geram, sob exposição à luz, radicais livres de oxigénio que atacam as células e produzem fotossensibilidade e lesões cutâneas.

As três porfírias cutâneas têm em comum <u>níveis normais de ALA urinário e de porfobilinogénio</u>.

o **Porfiria eritropoiética congénita** (rara) - aumento da **uroporfirina e da coproporfirina**.

o **Protoporfiria** (rara) - aumento da protoporfirina e dos níveis de protoporfirina eritrocitária livre.

o **A porfiria cutânea tardia** (mais comum) surge em adultos após uma doença hepática

doença ou ingestão excessiva de álcool. Tem uma apresentação clínica de níveis aumentados de **uroporfirina.**

C.A COPROPORFIRINÚRIA é uma elevação moderada da **coproporfirina na urina** secundária a uma série de doenças, incluindo

o gravidez,

o neoplasia, intoxicação,

o doença hepática.

D.A PORFIRINEMIA é uma elevação moderada da **protoporfirina eritrocitária** secundária a uma série de doenças, incluindo:

o Deficiência de ferro, causada por má nutrição, má absorção, transporte deficiente de ferro ou perda de sangue

o Anemia (hemolítica, deficiência de ferro, sideroblástica)

o Envenenamento por chumbo

Capítulo 7: Explorar as doenças ósseas metabólicas

O osso é um tecido metabólico ativo, sendo que todos os anos 9% do osso trabecular e 2% do osso cortical são substituídos por tecido ósseo novo. Os bebés nascem com cerca de 300 ossos moles e, na idade adulta, o esqueleto tem 206 ossos duros.

No tecido ósseo ocorrem dois processos fisiológicos:

o **Modelação óssea** - determina o tamanho e a forma do osso, ativa em todos os vertebrados em crescimento.

o **Remodelação óssea** - essencial para a manutenção de uma estrutura óssea normal. O equilíbrio entre a formação e a reabsorção óssea é efectuado pelos **osteoclastos** (envolvidos na reabsorção óssea) e pelos **osteoblastos** (envolvidos na formação óssea).

A renovação óssea representa a taxa a que o osso existente é substituído por uma quantidade igual de osso recém-formado. A formação e a reabsorção são processos intimamente ligados que estão em equilíbrio em pessoas saudáveis.

O resultado líquido da remodelação varia em função dos seguintes factores

o A idade - durante o desenvolvimento, a renovação óssea favorece a formação óssea; na idade adulta, a deposição e a reabsorção óssea estão em equilíbrio. À medida que o processo de envelhecimento continua, a taxa de deposição óssea diminui.

o Stress físico - os ossos sujeitos a grande stress tornam-se mais espessos e mais fortes. A gravidade é também um fator físico importante que contribui para a manutenção estrutural dos ossos. A falta de gravidade para os astronautas é um grande impedimento para voos longos, devido à perda óssea.

o Níveis hormonais: hormona do crescimento, hormonas da tiroide, paratormona, hormonas sexuais, calcitonina e calcitriol (vitamina D ativa, considerada hormona)

o Vitaminas D, K, C, A

o Taxas de absorção e excreção de cálcio e fosfato

o Factores genéticos (síndrome de Marfan, acondroplasia)

o factores locais (citocinas)

o os glucocorticóides actuam como inibidores diretos da proliferação e da função dos osteoblastos

Marcadores de formação óssea:

o **tP1NP** - reflecte a proliferação da matriz, é libertado durante a síntese de colagénio tipo I.

o **Fosfatase alcalina óssea (BAP)** - reflecte a maturação da matriz

o **Osteocalcina (OC)** - reflecte o processo de mineralização da matriz

Figura 7: Ciclo de remodelação e marcadores de formação óssea.

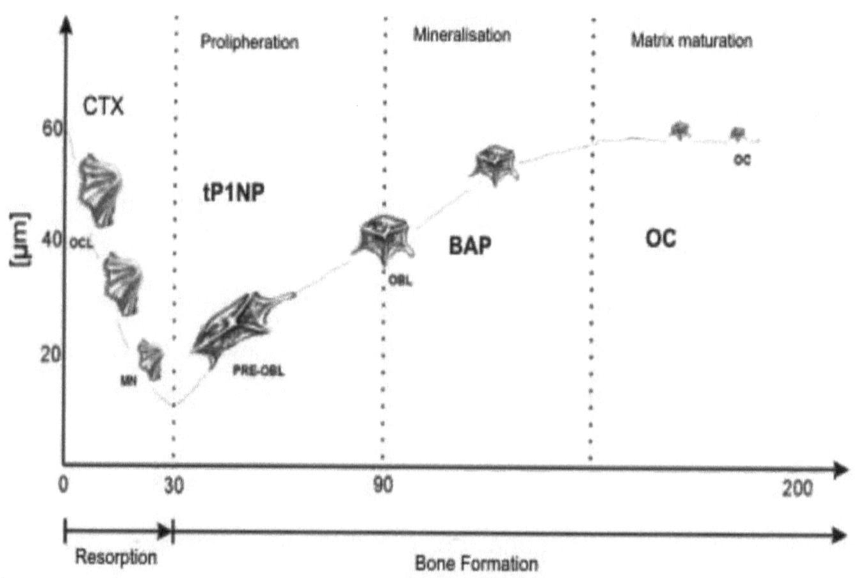

Marcadores de reabsorção óssea:

o **Cálcio urinário** (valor histórico) - utilizado para distinguir entre uma perda óssea rápida e normal

o **Hidroxiprolina urinária** (influenciada pela dieta)

o **C ou N Telopeptídeo do colagénio tipo I** (urina, soro)

o **Piridinolina e desoxipiridinolina** (na urina)

o **Beta Cross Laps** (**CTX**, ligações cruzadas do fragmento terminal C da tripla hélice do colagénio tipo I) - mais utilizado

O diagnóstico da osteoporose é efectuado com precisão através da Absorciometria de Raios-X de Dupla Energia **(DEXA)**, mas os marcadores ósseos bioquímicos devem ser selecionados quando se segue uma resposta terapêutica. Um efeito terapêutico positivo surge no máximo 3 meses após o início do tratamento. A DEXA pode revelar um efeito positivo um ano após o tratamento.

Doenças ósseas metabólicas:

o **Osteoporose (OP)** - a massa mineral e orgânica estão reduzidas; nas fases iniciais da OP podem encontrar-se cálcio, fosfato e TAP normais.

- A OP primária é pós-menopáusica

- A PO secundária ocorre com:

• Síndrome de Cushing

• Hipertiroidismo

• Mieloma múltiplo e metástases ósseas associadas a um aumento da reabsorção óssea

• Malabsorção

o **Osteomalácia/raquitismo** - o componente mineral é reduzido

- Deficiência de vitamina D

- Malabsorção, deficiência alimentar, exposição solar rara

- Resistência à vitamina D:

   a. produção prejudicada de metabolitos da vitamina D:

- Insuficiência renal crónica - níveis baixos de 1,25 vit D

- Doença hepática crónica - baixo teor de 25 vit D

- Deficiência de 1-hidroxilação pelos rins

b. resistência aos metabolitos da vitamina D:

- Raquitismo fosfatúrico, herança AD, hipofosfatemia e fosfatúria elevada

- Distúrbios ácido-base - acidose tubular renal

- Síndrome de Fanconi - Há um defeito na reabsorção de glucose, aminoácidos, fosfato e potássio. Aminoacidúria associada ao raquitismo, devido a insuficiência dos túbulos renais proximais ou a disfunção do processo de desaminação.

o **A doença de Paget** - conhecida como osteíte deformante, é uma doença crónica que afecta parte ou a totalidade de um ou vários ossos. A excessiva degradação e formação de tecido ósseo pode causar o enfraquecimento do osso, resultando em dor óssea, artrite, deformidades e fracturas.

- ALP muito elevada, valores que aumentam rapidamente podem indicar o desenvolvimento de sarcoma osteogénico

- O cálcio e o fosfato estão normais.

o **Osteodistrofia renal**

- Aumento da ALP

o **Hiperparatiroidismo**

- PTH aumentado, hipocalcemia, hipofosfatemia,

- Hiperfosfatúria

- Teste de supressão de esteróides: no hiperparatiroidismo, a hipercalcemia não é suprimida quando os esteróides são administrados durante 10 dias, 40 mg/dia

Cálcio, magnésio, fósforo

90% do cálcio, 85% do fósforo e 60% do magnésio de todo o corpo são armazenados nos ossos.

CÁLCIO - 90% no osso, 9% intracelular, 1% no sangue

o Cálcio nos ossos:

- 60-70% ligados à hidroxiapatite Ca_{10} $(PO_4)_6 (OH)_{-2}$

fosfato de cálcio,

- A matriz óssea é formada por:

• 90% de colagénio (contém hidroxiprolina e hidroxilisina - aminoácidos específicos do colagénio)

• 10% de proteínas não colagénicas (OC e OPG).

o Cálcio na célula:

- armazenados em depósitos (retículo sarco/endoplasmático)

- a depleção de cálcio pára a célula na fase G0

o Cálcio no soro:

- 8 - 11 mg/dl (2,25-2,75 mmol/l)

- 50% Ca^{2+} e 50% está ligado a proteínas e não é difusível

- a forma ionizada tem funções importantes (estimulação direta da PTH e papel na coagulação, transmissão neuromuscular, manutenção do ritmo cardíaco)

- Ca^{2+} > 50% em acidose e < 50% é ionizado em alcalose

- O Ca total diminui na hipoalbuminemia sem diminuir o Ca iónico^{2+}

- A diminuição do Ca^{2+} é seguida de tetania e de convulsões neuromusculares. A diminuição do Ca^{2+} estimula diretamente a PTH

O cálcio iónico (Ca^{2+}) pode ser medido diretamente (eléctrodos selectivos) ou pode ser calculado pela fórmula:

Ca^{2+} = (6 x Ca total - TP : 3) : (TP + 6)

em que TP= proteínas totais (g/dl); Ca_{total} = cálcio total (mg/dl); Ca^{2+} (mg/dl): 4 = Ca^{2+} (mmol/l)

Biodisponibilidade

Fontes - produtos lácteos, gema de ovo, frutos secos

Absorção - as fibras, os oxalatos, os ácidos gordos livres em excesso (esteatorreia) interferem na absorção do cálcio

Requisitos:

- 600 -800 mg/dia - adulto

- 800-1200 mg/dia - crianças

- 1200-1300 mg/dia gravidez, lactação

- 1600-1800 g/dia mais velho

Perdas: 100 -200 mg/dia nas fezes e na urina

Factores que regulam o cálcio no soro:

1. **PTH:**

o no osso estimula a reabsorção óssea e a libertação de Ca,

o aumenta a absorção de cálcio a nível intestinal,

o aumenta a reabsorção de cálcio nos tubos contorcidos proximais dos rins (TCP).

2. **Calcitonina** - diminui o cálcio no soro, aumentando a taxa de depuração do cálcio a nível renal.

3. **Vitamina D** - aumenta a absorção de cálcio a nível intestinal;

o aumenta a atividade dos osteoblatos, aumenta a reabsorção de cálcio e fosfato a nível renal

o D$_2$ ergocalciferol - de origem vegetal

o D$_3$ colecalciferol - de origem animal (leite, gema de ovo, fígado)

4. **Os estrogénios e os androgénios** inibem os osteoclastos,

o a hiperfunção do córtex suprarrenal ou da tiroide pode induzir hipercalcemia e depleção óssea de cálcio.

5. **Os hidratos de carbono** aumentam a absorção de cálcio e **a lactose** aumenta a absorção e a retenção de cálcio.

PROTEÍNAS DEPENDENTES DO METABOLISMO DO CÁLCIO

Receptores de deteção de cálcio:

o **Calmodulina** - liga o cálcio, envolvido na inflamação, metabolismo, apoptose

o **Calnexina** - proteína de ligação ao Ca no citoplasma, molécula chaperona, que controla a dobragem das proteínas

o **Gelsolina** - proteína de ligação à actina

o **Neuronal:**

▪ Hipocalcina - proteína neuronal de ligação ao cálcio

▪ Neurocalcina - proteína neuronal de ligação ao cálcio

▪ Recoverin - proteína de ligação ao cálcio detectada nos fotorreceptores do olho. Desempenha um papel fundamental na inibição da rodopsina quinase, uma molécula que regula a fosforilação da rodopsina. Esta molécula regula a fosforilação da rodopsina, o que, em última análise, controla a capacidade do olho para se adaptar e recuperar da exposição à presença de luz.

Proteínas de ligação ao cálcio:

o **Factores de coagulação** - dependentes da vitamina K (FII, FVII, FIX, FX)

o **Calbindina** - medeia o transporte de cálcio através dos enterócitos a partir do lado apical, onde a entrada é regulada pelo canal de cálcio TRPV6

o **Matrix Gla Protein (MGP) -** um inibidor da calcificação que necessita de vitamina K para prevenir a calcificação vascular

o **Osteocalcina (OC) -** produzida pelos osteoblastos, tem um papel na deposição correta de cálcio nos ossos, ligando-se à hidroxiapatite

o **Osteonectina** - proteína específica do osso, liga-se seletivamente à hidroxiapatite e ao colagénio

o **S100-** estão envolvidos na regulação da fosforilação de proteínas,

factores de transcrição, na homeostase do cálcio e na inflamação.

o **Troponina C** - faz parte do complexo das troponinas, liga-se ao cálcio e tem um papel importante na regulação da contração muscular.

HIPERCALCEMIA

Caraterísticas clínicas:

- diminuição da excitabilidade neuromuscular

- perturbação do ritmo cardíaco

- pedras nos rins

- calcificações articulares

- dor óssea

- dores abdominais, náuseas e vómitos

- poliúria

- depressão 30-40%, ansiedade, disfunção cognitiva, fadiga, insónia, coma.

Hiperparatiroidismo primário

o adenoma da paratiroide - síntese autónoma de PTH

o no sangue: hipercalcemia, hipofosfatemia, aumento da PTH

o na urina: aumento dos fosfatos e do cálcio

Intoxicação com vitamina D

o administração prolongada de vitamina D

o caraterísticas clínicas: náuseas, vómitos, dores de cabeça, polidipsia, poliúria, hipertensão

Neoplasias malignas do osso

o tumores primários ou metástases - secreção de péptidos PTH-like

o aumento da renovação óssea - imobilidade prolongada após fracturação óssea, hipertiroidismo

o Condrossarcoma - uma radiografia pode mostrar uma lesão osteolítica intramedular com calcificações não uniformes na tíbia proximal.

Os diuréticos podem provocar hipercalcemia

o a utilização de uma resina de troca iónica em doentes dialisados, a fim de diminuir a hiperpotassemia, pode levar a hipercalcemia.

Sarcoidose

o síndrome inflamatório crónico associado à formação de granulomas (nódulos) em diferentes tecidos (frequentemente localizados nos pulmões e nódulos linfáticos).

o A hipercalcémia pode ser observada em 10% dos doentes, provavelmente devido à produção de calcitriol nos macrófagos e nas células dos granulomas.

Síndrome de Milkalkali (Burnett)

o causada pela ingestão repetida de cálcio e álcalis absorvíveis (como o carbonato de cálcio, ou leite e bicarbonato de sódio).

se não for tratada pode levar a calcificação metastática e insuficiência renal.

Calcinose cutânea

o deposição de cálcio nos tecidos moles (conjuntivos e musculares);

o está associada a uma inflamação (dermatomiosite) e à osteoporose.

HIPOCALCEMIA

Caraterísticas clínicas:

- aumento da excitabilidade neuromuscular - fibrilações, fasciculações, dores musculares.

- Chvostek positivo, sinais de Trousseau, tetania

Hipoparatiroidismo

o ablação cirúrgica do adenoma da tiroide

o hipocalcemia, hiperfosfatemia

o hipofosfatemia

Pseudo-hipoparatiroidismo - ausência de resposta do rim à PTH

o A PTH está normal ou aumentada no soro

o administração de PTH (no pseudo-hipoparatiroidismo não aumentar os fosfatos urinários)

Hipersecreção de calcitonina

o neoplasia da tiroide

o feocromocitoma - péptidos calcitonina-like

Deficiência de vitamina D (raquitismo, osteomalácia)

o diminuição da absorção de vitamina D

o diminuição do cálcio no soro

o como resposta à hipocalcemia, é desencadeado um hiperparatiroidismo secundário, resultando num aumento da PTH

o o aumento da PTH leva a um aumento do turnover ósseo refletido pelo aumento da ALP (BAP)

o laboratório: hipocalcemia, hipofosfatemia, hiperfosfatúria, aumento da PTH e da ALP

Raquitismo resistente à vitamina D - deficiência de alfa-1 hidroxilase

Insuficiência renal crónica

o o aumento da ureia e dos ácidos orgânicos fixará o cálcio numa forma unidisponível

Pancreatite aguda

o o cálcio com os ácidos gordos (resultantes dos triglicéridos) formam saponinas, complexos a partir dos quais o cálcio não é absorvível, provocando uma hipocalcemia

Osteomalácia - ver osteomalácia no capítulo 7.

A ingestão de laxantes (Mg e P) pode provocar hipocalcémia.

DOENÇAS ÓSSEAS QUE NÃO ALTERAM OS NÍVEIS DE CÁLCIO NO SORO !

A hipofosfatasia é uma doença metabólica hereditária rara de diminuição da fosfatase alcalina não específica dos tecidos. A doença, transmitida por AD ou AR, apresenta-se sob uma de cinco formas: perinatal, infantil, na infância, no adulto e odonto-hipofosfatasia. Os sintomas comuns incluem malformações ósseas e maior probabilidade de fratura óssea. A fosfatase alcalina total está diminuída.

MAGNEZIUM

O magnésio é um elemento importante nos processos metabólicos:

o metabolismo dos hidratos de carbono; produção de ATP/ ADP (fonte de energia)

o síntese proteica

o síntese de ácidos nucleicos

o contracções musculares

o juntamente com o cálcio , Na, K está envolvido na irritabilidade neuromuscular e na coagulação sanguínea.

Distribuição do magnésio no corpo humano:

o 60% do Mg total é armazenado no esqueleto,

o 39% do Mg total no músculo esquelético e no miocárdio,

o 1% do Mg total está presente no meio extracelular, do qual:

- 35% está ligado à albumina

- 65% está livre, na forma ionizada.

Gamas biológicas: 1,9 - 2,5 mg/dl (0,6 - 1,03 mmol/l)

Fontes:

o vegetais verdes, peixe, carne.

Absorção de Mg:

o passiva e ativamente (estimulada pela vitamina D)

o a sua absorção é limitada pelos fosfatos

o deficiente em:

- diarreia, esteatorreia

- cirurgia intestinal

- enteropatia por irradiação

- DM.

Eliminação:

o Na urina, 100 mg por dia, tanto quanto absorvido (100 mg).

o normalmente 95% do Mg filtrado nos glomérulos é reabsorvido nos túbulos renais. Quando ocorre uma deficiência da função renal, o Mg aumenta na corrente sanguínea.

HIPERMAGNESEMIA

O magnésio é um bloqueador eficaz dos canais de cálcio. Além disso, o magnésio intracelular bloqueia vários canais de potássio cardíacos.

Caraterísticas clínicas:

- neuromuscular: perda de reflexos tendinosos profundos, sonolência, paralisia muscular

- cardiovasculares: podem ocorrer bradicardia e hipotensão, bloqueio cardíaco e paragem cardíaca com uma concentração plasmática de magnésio superior a 18 mg/dl.

- O aumento do Mg pode atuar como sedativo, deprimindo a atividade cardíaca e a atividade neuromuscular.

Causas da hipermagnesiémia:

o Insuficiência renal

o acidose diabética

o hipotiroidismo

o Doença de Addison

o antiácidos com Mg

o desidratação

o diuréticos - Tiazida

HIPOMAGNESEMIA

Nas deficiências de Mg - o Mg urinário diminui antes do Mg sérico.

O Ca e o Mg estão intimamente ligados: uma deficiência de magnésio pode levar à libertação de cálcio dos ossos, responsável por calcificações na aorta ou nos rins.

Caraterísticas clínicas:

- cansaço, falta de concentração,

- tonturas

- palpitações

- cãibras musculares: hiperflexão, espasmo carpopedal

- tremor das extremidades

- Chvostek e Trousseau dão sinais positivos

- Taquicardia

- os doentes com estes sinais são muito susceptíveis a estímulos auditivos e visuais

Causas de hipomagnesémia:

o diarreia crónica

o após hemodiálise

o doença renal crónica

o cirrose hepática

o pancreatite crónica

o hipertiroidismo e hipoparatiroidismo

o lactação prolongada

o má absorção

o alcoolismo crónico

A suplementação de Mg é recomendada após cirurgia cardíaca, após enfarte do miocárdio ou para prevenção de arritmias cardíacas.

Tratamento: a hipomagnesémia é tratada de forma mais eficaz com Mg e vitamina B6, especialmente nas crianças.

FACTORES DE INTERFERÊNCIA:

Falso aumento de Mg:

o terapia prolongada com salicilatos, lítio

o se existirem lesões renais

o Hemólise do sangue: a maior parte do Mg no sangue está presente nas hemácias; a hemólise leva a falsos valores elevados.

Falso diminuir Mg:

o gluconato de cálcio interfere com os métodos de ensaio

o Medicamentos: amfotericina B, aldosterona, insulina, neomicina, diuréticos com mercúrio.

o tratamento do coma diabético conduz a uma hipomagnesémia. Após a administração de insulina, o Mg, juntamente com o K, entra na célula.

o A deficiência de Mg causa inexplicavelmente hipocalcemia e hiperpotassemia. Os doentes podem apresentar sinais gastrointestinais e neurológicos. Em algumas deficiências, a administração de Mg pode corrigir a deficiência de cálcio.

FÓSFORO

85% é combinado com o cálcio nos ossos.

O fósforo encontra-se em complexos químicos: ésteres, fosfatos.

O fósforo entra na célula juntamente com a glucose.

Papel do fósforo em:

o metabolismo ósseo,

o hidratos de carbono

o metabolismo lipídico

o equilíbrio ácido-base

o Transfera de electrões energéticos.

Valores de referência: adultos 0,87 - 1,45 mmol/ l

HIPERFOSFATEMIA:

o na disfunção renal e na uremia

- insuficiência renal

- hipoparatiroidismo

- excesso de substâncias alcalinas

- excesso de vitamina D

- tumores ósseos

- acromegalia.

HIPOFOSFATEMIA

- hiperparatiroidismo

- raquitismo

- coma diabético

- hiperinsulinemia - excesso de insulina

Hipofosfatasia - refere-se a uma doença óssea associada a uma diminuição da fosfatase alcalina total.

Diagnóstico:

- quantificação dos níveis de pirofosfato inorgânico urinário (PPi), que estão elevados nos portadores.

- aumento dos níveis urinários de fosfoetanolamina

(AEP) são observados na maioria dos doentes.

Definição: A urinálise consiste na análise da urina através de procedimentos regulares, operacionais, seguros e económicos. Atualmente, a urinálise inclui alguns ou todos os seguintes procedimentos:

1. avaliação macroscópica (por exemplo, volume, transparência, cor)

2. exame químico por tiras reagentes

3. exame microscópico do sedimento da urina

Nota: Tipicamente, existem expressões como urinálise "completa" ou "regular", mas mais adiante preferimos utilizar o termo urinálise.

Objetivo do exame de urina:

- apoia o diagnóstico de certas doenças

- rastreio populacional de doenças assintomáticas ou congénitas

- acompanhamento da evolução de determinadas patologias

- monitorização da eficácia ou das complicações terapêuticas.

Nota: Existem diferentes tipos de amostras colhidas para análise de urina (aleatória, primeira manhã, 24 horas, cateterizada, aspiração suprapúbica, colheita em três vidros). De seguida, discutiremos apenas a amostra da primeira manhã, a amostra mais frequentemente utilizada para o rastreio de rotina.

1. A AVALIAÇÃO MACROSCÓPICA, como parte do exame físico da urina, inclui:

- **Volume.** O volume de urina eliminado em 24 horas nos homens é de aproximadamente 1500 ml (1200-1800 ml) e nas mulheres 1200 ml (10001400 mL). As crianças eliminam 3-4 vezes mais urina do que os adultos. O volume pode variar com a idade, peso, sexo, quantidade de líquidos ingeridos, dieta, factores emocionais e estado de saúde. A oligúria (pouca produção de urina) ocorre na diarreia, febre, etc.; a poliúria (produção excessiva de urina) ocorre na esclerose renal, diabetes, etc.; e a polaquiúria (micção anormalmente frequente) nas infecções urinárias.

• **Clareza** (refere-se à transparência ou turvação). A urina normal é límpida e transparente. Se for mantida durante muito tempo no frigorífico, torna-se turva e pode aparecer um depósito floculento formado por muco, leucócitos e células epiteliais. No caso de uma urina alcalina, pode ocorrer um sedimento esbranquiçado de fosfato e, no caso de uma urina ácida, um sedimento branco-rosado de urato.

As alterações patológicas no aspeto macroscópico da urina surgem em doenças renais acompanhadas pela ocorrência de pus, sangue ou outros componentes patológicos na urina.

• **Cor.** A urina normal é vermelho-amarelada devido aos pigmentos (urocromos, urobilina, porfirina, etc.). A urina nocturna, concentrada e ácida, é mais escura do que a urina diurna, alcalina e mais diluída.

As alterações patológicas da cor da urina ocorrem em várias doenças renais e extrarrenais:

- amarelo pálido na insuficiência renal com poliúria, diabetes insípida;

- amarelo-alaranjado nas doenças febris;

- vermelho na porfirinúria, hemoglobinúria;

- verde-avermelhado na nefrite hemorrágica aguda;

- castanho nas síndromes ictéricas; castanho escuro na alcaptonúria;

- medicamentos: azul de metileno (urina azul-esverdeada), ácido acetilsalicílico (urina vermelha).

2.EXAME QUÍMICO

É realizada manualmente (método visual) ou por analisadores (princípio da reflectometria), utilizando tiras cromogénicas para:

- identificação de parâmetros patológicos (glicose, corpos cetónicos, eritrócitos, leucócitos, nitritos, bilirrubina, urobilinogénio, proteínas)

- medição do pH e da gravidade específica.

Nota: Algumas tiras determinam também a presença de ácido ascórbico e outras podem medir a presença de microalbumina ou creatinina.

O princípio do método baseia-se na alteração da cor de cada parâmetro nas tiras de urina em função da sua concentração. Os resultados são expressos da seguinte forma (ver Quadro 3):

- negativo (ausente) / positivo (com intensidade diferente +, ++, +++, ++++) ou

- semiquantitativo (por exemplo, leucócitos 125 / pL são equivalentes a ++).

Interpretação dos parâmetros comuns:

- **pH.** A urina na população saudável tem um pH ligeiramente ácido, variando entre 5,0 e 6,0. O pH normal pode variar de 4,5 a 8,0. A medição do pH urinário permite avaliar a capacidade de interferência dos rins na manutenção do equilíbrio ácido-base do organismo.

- a urina alcalina ocorre em caso de dieta vegetariana, pós-prandial, infecções do trato urinário (germes produtores de urease), depleção de potássio, vómitos abundantes (alcalose metabólica), hiperventilação (alcalose respiratória).

- A urina ácida ocorre em dietas ricas em carne e proteínas, calor excessivo com baixa humidade (a urina torna-se concentrada e ácida), durante o sono (acidose respiratória por redução da ventilação), diuréticos, cetoacidose, acidose respiratória e metabólica, diarreia, fome, insuficiência renal descompensada, febre, tuberculose renal.

• **A gravidade específica** (SG) é dada pela quantidade total de substâncias dissolvidas na urina.

- hiperstenúria (urina com SG >1,010): DM, síndrome nefrótica, perda excessiva de água (sudação profunda, febre, vómitos, diarreia), aumento da secreção da hormona antidiurética (ADH), insuficiência cardíaca congestiva.

- hipostenúria (urina com SG <1,010): diabetes insípida, ingestão excessiva de água, glomerulonefrite, pielonefrite crónica (alteração da capacidade de concentração da urina).

- isostenúria (urina com SG de 1,010): na esclerose renal, o SG é constante em torno de 1,010.

• **A glucose** aparece na urina quando o seu limiar renal é ultrapassado (glucose no sangue > 150-180 mg/dl). A glicosúria ocorre em: DM, hipertiroidismo, acromegalia, doença de Cushing, traumatismo crânio-encefálico, acidente vascular cerebral, alteração tubular da reabsorção da glicose (síndrome de Fanconi, doença tubular renal), diabetes gestacional, etc. A presença de glicosúria na ausência de hiperglicemia pode indicar um defeito tubular de reabsorção da glicose (glicosúria renal). Nos valores críticos de glicosúria (> 1000 mg / dl), a avaliação da glicemia será obrigatória.

• **Proteínas.** O teste detecta a presença de albumina, mas a sensibilidade para outros tipos de proteínas é fraca (por exemplo, y-globulinas, Bence-Jones). Na urina normal, as proteínas estão presentes em quantidades vestigiais: 2-8 mg/dl ou <150 mg/24 horas. A proteinúria pode ter causas renais (nefrite, litíase, tuberculose, cancro, etc.) ou extrarrenais (febre, traumatismo, doença cardíaca, etc.). Dependendo da duração, a proteinúria pode ser transitória, intermitente ou permanente. Uma proteinúria ligeira e transitória pode ocorrer após exercícios físicos intensos, stress emocional, banhos frios, ingestão de grandes quantidades de proteínas ou durante a gravidez.

• **Bilirrubina**. É o produto do catabolismo da hemoglobina. A bilirrubinúria ocorre nas icterícias hepatocelulares e obstrutivas (devido ao aumento da bilirrubina conjugada sérica, que é hidrossolúvel). É útil saber que a bilirrubina pode frequentemente aparecer na urina antes de outros sinais de disfunção hepática. A análise com tiras deve ser efectuada imediatamente após a emissão da urina, ou a urina deve ser armazenada no escuro e conservada com substâncias redutoras (por exemplo, ácido ascórbico), porque a bilirrubina é fotossensível e instável.

• **O urobilinogénio** resulta da redução da bilirrubina no intestino, sendo uma pequena quantidade eliminada na urina. O urobilinogénio aumenta na urina nas icterícias hemolíticas e hepatocelulares.

• **As cetonas** (corpos cetónicos) são representadas pela acetona, pelo ácido beta hidroxibutírico e pelo ácido beta-cetobutírico. Encontram-se na urina das crianças, na diabetes, na fome (quando os lípidos se tornam o principal substrato energético do organismo), em doenças infecciosas, em desequilíbrios hidrominerais ou após vómitos repetidos.

• **Sangue** (eritrócitos/hemoglobina). A urina normal contém < 5 eritrócitos/pL. A hematúria pode ser causada por: litíase renal e ureteral, cistite, prostatite, tuberculose renal, tumores do trato geniturinário, adenoma da próstata, necrose papilar, enfarte renal, traumas, rim policístico, hematúria familiar benigna e doenças extrarrenais (leucemia, doença hepática, policitemia, uso de sulfamidas, etc.).

Os resultados falsos positivos podem resultar da contaminação com sangue menstrual. A hemoglobinúria ocorre na hemólise intravascular (quando a capacidade do sistema reticuloendotelial para metabolizar a hemoglobina livre é excedida, sendo filtrada a nível glomerular). Se a tira-teste detetar a presença de sangue, mas não forem observados eritrócitos no exame microscópico, deve ser considerada a possibilidade de lise dos eritrócitos no trato urinário ou de mioglobinúria.

• **Leucócitos.** Indicar a presença de infecções inflamatórias do trato urinário: infecções bacterianas (cistite, uretrite, pielonefrite), virais, fúngicas, infestações parasitárias, glomerulopatias, nefropatia induzida por analgésicos, intoxicações, causas extrarrenais (anexite, apendicite) e perturbações da evacuação da urina.

• A presença **de nitritos** aponta para uma infeção urinária. A redução dos nitratos a nitritos é específica de certas Enterobacteriaceae, Pseudomonas, bactérias gram-negativas não fermentativas e certas leveduras.

3. EXAME MICROSCÓPICO DO SEDIMENTO DA URINA

A amostra de urina é centrifugada a baixas rotações (1500-2300 rpm) para eliminar o risco de destruição de elementos figurativos, após o que o sobrenadante é decantado, deixando o sedimento de urina. O exame microscópico de um mínimo de 10 campos é iniciado com um campo de baixa potência (lpf = ampliação de 100x ou 200x) e continua com campos de alta potência (hpf = ampliação de 400x) para obter pormenores estruturais.

Nota: As amostras de urina devem ser examinadas no prazo de 2 horas.

Expressão dos resultados: no caso de um sedimento de urina "normal", é utilizada a expressão "sem elementos patológicos". Quando estão presentes elementos fisiológicos ou patológicos no sedimento urinário, o relatório é efectuado através da sua expressão como número médio por lpf ou hpf (ver Quadro 3).

Quadro 3: Intervalos de referência biológica para os parâmetros de urinálise.

Parâmetros da urina	Intervalo de referência biológica	
Exame químico		
Glicose	ausente	(< 100 mg/dL)
Proteínas	ausente	(< 15 mg/dL)
Bilirrubina	ausente	(< 0,1 mg/dL)
Urobilinogénio	normal	(< 1 mg/dL)
pH	5-6.5	
Gravidade específica	1.005-1025	
Eritrócitos	negativo	(< 10/µL)
Cetonas	ausente	(< 5 mg/dL)
Nitritos	ausente	ausente

| Leucócitos | negativo | (< 15µL) |

Sedimento de urina

Eritrócitos	< 5 / hpf (400x)
Leucócitos	< 5 / hpf (400x)
Células epiteliais escamosas	raramente significativo (>8 / hpf 400x)
Células epiteliais transicionais	< 3 / hpf (400x)
Células tubulares renais	< 2 / hpf (400x)
Fragmentos epiteliais	patológico independentemente do número (200x)
Cilindros hialinos e granulares	0 - 2 / lpf (200x)
Outros cilindros	patológico independentemente do número (200x)
Cristais	ausente *1* escasso (400x)
Cristais patológicos	patológico independentemente do número (400x)
Bactérias	ausente (400x)
Parasitas, leveduras, espermatozóides, filamentos de muco	relatado / hpf (400x)

No exame do sedimento da urina podemos identificar elementos organizados (orgânicos), cristais e artefactos (ver Figura 8 a e b).

A. Elementos organizados (orgânicos) do sedimento urinário

• **As células epiteliais** têm diferentes aparências e formas, consoante a sua origem:

- *Células escamosas (células planas):* provêm das camadas superficiais da uretra ou da vagina. São células grandes, poligonais ou redondas e estão normalmente escassas ou ausentes no sedimento. A sua abundância pode sugerir uma colheita incorrecta de urina ou uma descamação considerável devido a uma inflamação (vulvovaginite).

- *Células de transição (células uroteliais):* são mais pequenas do que as células escamosas e têm origem no revestimento da pélvis renal, cálices, ureteres, bexiga ou porção superior da uretra masculina. Podem ser:

o   superficiais (formas redondas ou ovais) - ocorrem em infecções do trato urinário inferior

o   profundas (formas ovóides, em raquete ou fusiformes) - ocorrem em afecções das camadas uroteliais profundas (urolitíase, carcinoma da bexiga, hidronefrose, cateterismo vesical ou uretral).

- *As células tubulares renais* (formas redondas ou poliédricas) são mais pequenas do que as células de transição e têm um citoplasma granular. Um pequeno número por campo de microscópio é um sinal de aviso, mas mais de dois por hpf indicam uma lesão tubular (aparecem frequentemente juntamente com cilindros granulares).

• **Os eritrócitos** são pequenos, têm uma forma discoidal e um contorno duplo. A hematúria microscópica é definida como a eliminação de mais de 2-4 eritrócitos / hpf (400x). A intensidade da hematúria é diretamente proporcional à gravidade da doença renal. O exame da cor dos eritrócitos traz informações importantes: os eritrócitos descoloridos têm origem renal, e os que mantêm a sua cor e forma pertencem ao trato urinário. Para o significado clínico da hematúria, ver o exame químico da urina.

• **Os leucócitos** são maiores do que os eritrócitos, granulares com bordos irregulares, com uma forma redonda *ou* poligonal. Na urina ácida têm o aspeto descrito acima, enquanto que na urina alcalina ou velha podem ser atípicos (balonados ou desintegrados). No caso da leucocitúria, não há proporcionalidade com a gravidade da doença. Para o significado clínico da leucocitúria, ver o exame químico da urina.

• **Os cilindros** são estruturas cilíndricas compostas principalmente por glicoproteínas (glicoproteína de Tamm-Horsefall) segregadas pelas células epiteliais dos túbulos renais. Os cilindros formam-se no lúmen tubular onde são moldados, tomando a forma do tubo. Se existirem células (epiteliais, leucócitos, eritrócitos) nos túbulos renais, estas podem aderir e gerar os moldes homónimos (moldes epiteliais, de glóbulos brancos ou de glóbulos vermelhos). Os cilindros podem ser classificados da seguinte forma

- *Os cilindros hialinos* são homogéneos, incolores e translúcidos. Aparecem em pequeno número em condições fisiológicas (esforço físico, ortostatismo prolongado), mas a sua abundância está associada à proteinúria encontrada na nefropatia ou em doenças febris.

- *Os cilindros granulares* são bem definidos e consistem em células epiteliais renais desintegradas incorporadas em cilindros hialinos. A presença de cilindros granulares finos não pode estar relacionada com a causa, enquanto os cilindros granulares castanhos sujos aparecem em condições patológicas associadas à necrose tubular (nefropatia descompensada aguda ou crónica, envenenamento por chumbo).

- *Os cilindros de glóbulos vermelhos (cilindros de eritrócitos)* são aglomerados cilíndricos de eritrócitos que indicam a origem renal da hematúria (por exemplo, glomerulonefrite aguda).

- *Os cilindros de glóbulos brancos (cilindros de leucócitos)* são agregados de leucócitos cuja presença indica um processo inflamatório do parênquima renal (pielonefrite).

- *Os cilindros epiteliais* são raros, contendo células epiteliais tubulares escamosas.

- *Os cilindros gordos* são aglomerados de gotículas de gordura resultantes da degeneração das células epiteliais. Estão presentes nas intoxicações por fósforo e arsénio ou nas glomerulonefroses.

- *Os cilindros cerosos* têm uma cor amarelada, são foscos (ao contrário dos cilindros hialinos), semelhantes a cera, bem definidos, com bordos vincados. A sua presença na urina é um sinal de uma lesão grave do parênquima renal, com um prognóstico grave (por exemplo, fases terminais de insuficiência renal crónica).

• **Os pseudocasts** são aglomerações de compostos orgânicos que são difíceis de distinguir dos casts granulares. Os pseudocasts inorgânicos não têm significado patológico, mas os pseudocasts bacterianos ocorrem nas pielonefrites e os pseudocasts de hemoglobina na hemoglobinúria.

• **Os cilindróides** são formados pela precipitação de muco nos canais colectores. Não têm significado patológico e podem ser confundidos com cilindros hialinos.

• **Outros elementos:** bactérias, parasitas, células tumorais, espermatozóides, leveduras, gotículas de gordura, impurezas, filamentos de muco, etc.

Figura 8a: Elementos organizados encontrados no sedimento da urina.

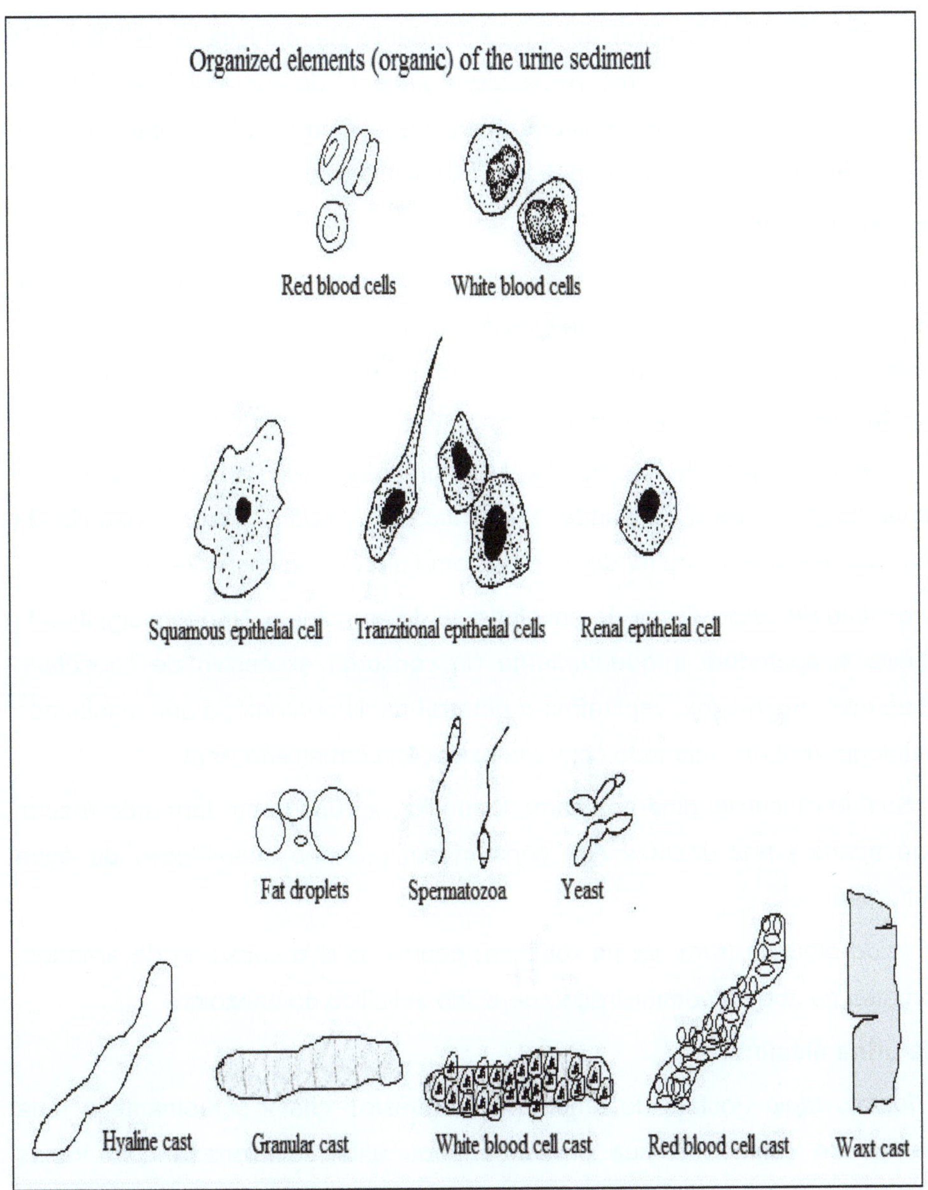

B. Cristais urinários (normais e patológicos)

I. Os cristais normais são constituídos principalmente por elementos inorgânicos, representados por sais precipitados sob a forma cristalina ou amorfa. A cristalização depende do grau de concentração da urina, do pH urinário e da temperatura de armazenamento da amostra (a solubilidade diminui com a temperatura). A cristalúria encontrada numa dieta equilibrada pode indicar a presença de litíase, mas não é uma condição sine qua non. Dependendo do pH, podem aparecer cristais diferentes:

Na urina ácida:

- *ácido úrico:* cristal amarelo de forma polimorfa (rômbico, cúbico, lança, estrela, haltere, fuso). Os cristais de ácido úrico e os uratos amorfos ocorrem numa dieta à base de carne, mas também em caso de grandes danos nos tecidos, hemorragia digestiva, leucose, febre, litíase de urato, gota.

- *Uratos amorfos* (de Na, K, Ca, Mg): grânulos finos, amorfos, castanho-amarelados. Uma grande quantidade pode ser visualizada macroscopicamente no fundo do tubo como um depósito cor-de-rosa.

- *oxalato de cálcio:* forma de envelope ou de ampulheta. Não têm significado clínico e aparecem frequentemente no consumo excessivo de chocolate, cenouras, amendoins, espinafres e beterrabas. No entanto, o seu significado patológico está relacionado com a intoxicação com etilenoglicol.

- *Sulfato de cálcio:* uma fina camada incolor, agrupada em forma de roseta, que aparece nos doentes que consumiram grandes quantidades de água sulfurosa.

- *ácido hipúrico* (raro, forma rômbica) ocorre após o consumo de arandos, tomates ou após a administração de ácido salicílico ou benzoico.

Na urina alcalina:

- *fosfato triplo* (fosfato de amónio e magnésio): cristal semelhante a uma "tampa de caixão". A sua presença pode estar relacionada com várias infecções urinárias.

- *fosfato de cálcio:* cristais aciformes, em forma de lança, agrupados em cruz ou estrela, ou sobrepostos uns aos outros.

- *Fosfato de magnésio:* cristal regular *ou* irregular em forma de paralelepípedo, ligeiramente refringente.

- *carbonato de cálcio:* grânulos amorfos, como pequenas esferas agrupadas (raramente ocorre).

- *os fosfatos amorfos* têm o mesmo aspeto que os uratos amorfos, mas são incolores

- *Biurato de amónio:* cristal esférico castanho-amarelado com pontas em forma de "castanha selvagem".

Os cristais de fosfato de cálcio e de fosfato triplo são encontrados em caso de dieta vegetariana, mas também estão presentes na litíase renal, DM ou gota.

II. Os cristais patológicos podem ocorrer raramente na urina:

- nas perturbações hereditárias do metabolismo dos aminoácidos (doença da urina do xarope do ácer, cistinúria, etc.):

- *cristais de cistina* (placas transparentes de 6 faces),

- *cristais de tirosina* (agulhas muito finas, amareladas, agrupadas em feixes),

- *cristais de leucina* (pequenas esferas com riscas radiais e concêntricas brilhantes). A tirosina aparece juntamente com cristais de leucina em lesões hepáticas graves.

- *cristais de colesterol* (incolores, irregulares, em forma de "vidro estilhaçado") aparecem na degenerescência gordurosa do rim, onde também se podem observar corpúsculos lipídicos birrefringentes (em forma de cruz de Malta);

- Na colestase, podem aparecer *cristais de bilirrubina* (agulhas castanho-avermelhadas);

- *cristais de medicamentos* (por exemplo, sulfonamida, indinavir, ampicilina) aparecem em tratamentos prolongados com medicamentos.

C. Artefactos: fibras (algodão, cânhamo, linho, seda), fios de cabelo, bolhas de ar, grãos de pólen, bolhas de gordura exógena, grânulos de amido.

Os resultados do exame químico e do sedimento urinário serão interpretados em conjunto para fornecer informações exactas úteis para a orientação do diagnóstico.

Figura 8b: Cristais encontrados no sedimento da urina

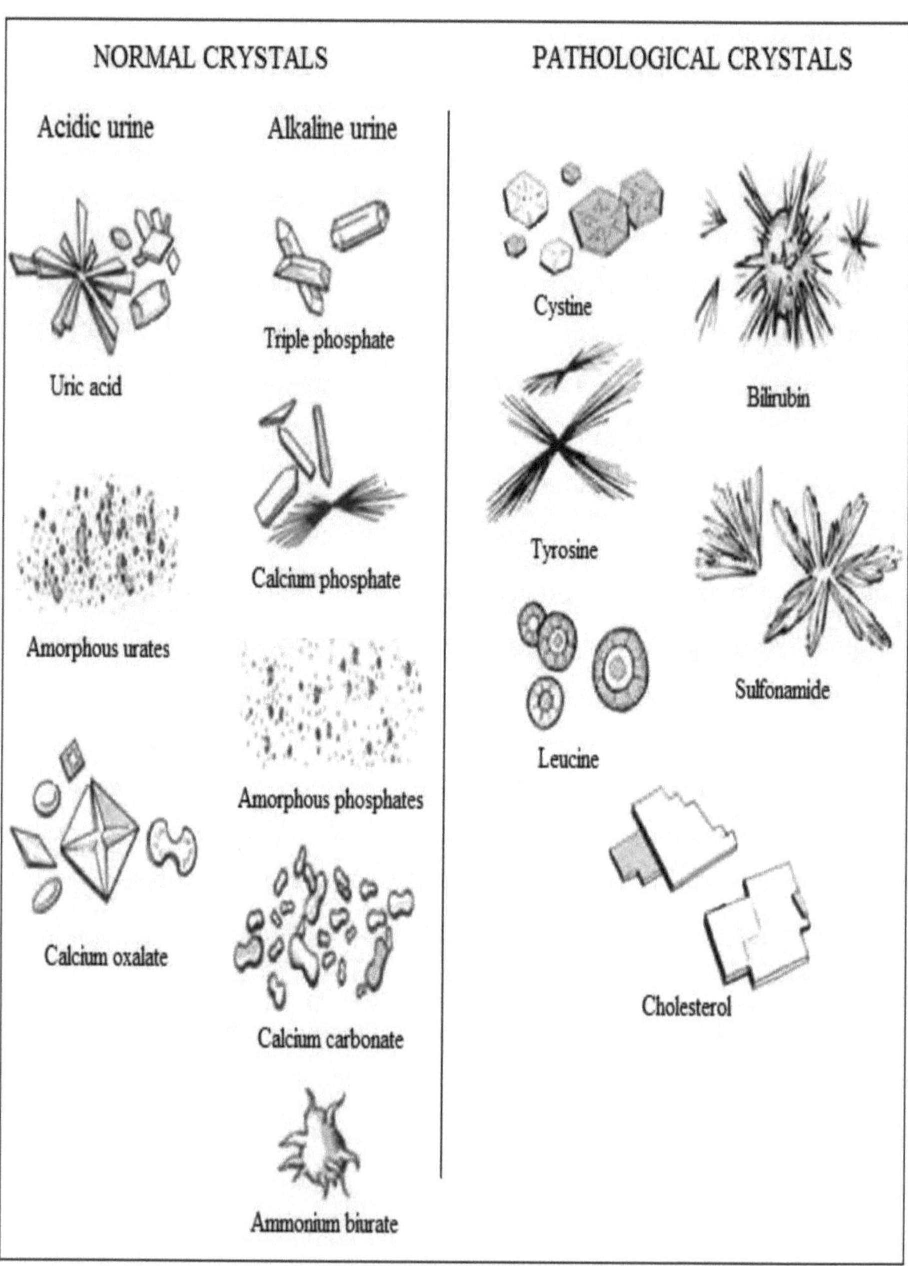

Capítulo 9: Intervalo de referência biológico para testes laboratoriais de rotina

I. Bioquímica

Serum markers	Biological reference interval	Units
ALAT/ TGP	5 - 40	mg/dl
ASAT/ TGO	5 - 37	mg/dl
Calcium – ionic form	1.17 – 1.29	mmol/l
Calcium - total	8.6 - 11	mg/dl
Chloride	97 - 111	mmol/l
Creatinine	0.6 – 1.3	mg/dl
Direct Bilirubin	< 0.3	mg/dl
Electrophoresis of seric proteins	Albumin: 52 -65 Alfa1: 3 - 5 Alfa 2: 7 - 9 Beta: 11 - 14 Gamma: 16 - 20	%
Gamma GT	5 - 50	U/l
Glycemia	70-105	mg/dl
HDL cholesterol	M >35 F>45	mg/dl
Iron	50-175	µg/dl
LDL cholesterol	70 - 130	mg/dl
Magnesium	1.7 – 2.5	mg/dl
Potassium	3.5 – 5.1	mmol/l
Sodium	136 - 145	mmol/l
Total alkaline phosphatase	60 - 160	U/l
Total Bilirubin	< 1.3	mg/dl
Total Cholesterol	110 - 200	mg/dl
Total proteins	6 - 8	g/dl
Triglycerides	50 - 150	mg/dl
Urea	20 - 50	mg/dl
Uric acid	2.5 - 7	mg/dl

II. Imunologia

	Biological reference interval	Units
ASLO	< 200	U/l
VDRL	negative	positive/ negative
RPR	negative	positive/ negative
Rheumatoid factor	< 8	U/l
C Reactive Protein	< 6	mg/l
IgA, seric	0.7 – 4	g/l
IgE seric	< 100	U/l
IgM seric	0.4 – 2.4	g/l
IgG seric	7 – 16	g/l
Complement C3	0.9 – 2.1	g/l
Complement C4	0.1 – 0.4	g/l
Total Ab H. Pylori	negative	positive/ negative
HIV1+2 test	negative	positive/ negative
Anti VHC	negative	positive/ negative
Anti VHA IgM	negative	positive/ negative
Cortisol*	08:00 am: 6.7 – 22.6	µg/dl
Estrogens*#	Ovulation:12.5 - 498	Pg/ml
free PSA*	< 1	ng/ml
FSH*#	Follicular phase: 3.9 – 8.8	U/l
FT4*	0.61-1.12	Ng/dl
HBs Ag	negative	positive/ negative
LH*#	Ovulation: 2.2 - 103	U/l
Progesterone*#	Lutheal phase: 0.3 – 18.6	ng/ml
Prolactin*	3.4 – 26.8	ng/ml
PSA*	0 - 4	ng/ml
TSH*	0.34 – 5.6	mU/l

Os BRI (intervalos de referência biológica) são estabelecidos no analisador Access 2, Beckman Coulter (SUA), com base no método CLIA (imunoensaio enzimático por quimioluminescência).

 # BRI para as mulheres; apenas são apresentados alguns intervalos para o ciclo menstrual;

III. Hematologia:

	Biological reference interval	Units
Hemoleucogramme (CBC)*		
Hemoglobin	12 - 17	g/ l
Hematocrit	35 - 52	%
RBC	$4 - 5.10 \times 10^{12}$	/ l
LEU	$5 - 11 \times 10^{9}$	/ l
PLT	150 000 – 400 000	/ µl
RET	5 – 25	‰
LEUKOCYTES %		
Lymphocytes	$1.2 - 3.4 \times 10^{9}$	/ l
Monocytes	$0.1-0.6 \times 10^{9}$	/ l
Eosinophils	$0.0-0.7 \times 10^{9}$	/ l
Basophiles	$0.0-0.1 \times 10^{9}$	/ l
Granulocytes	$2.5-8.0 \times 10^{9}$	/ l
RBC indices		
VEM	76 - 96	fl
HEM	27 - 32	pg
CHEM	30 - 38	g/dl
RDW	11-16	%
Cytology of blood smear **Leukocytes formula**	Segmented: 50 - 70 Unsegmented: 0 - 4 Lymphocytes: 25 - 40 Monocytes: 2 - 8 Eosinophils: 1 - 4 Basophiles: 0 - 1	%
ESR	M: < 15 F: < 20	 mm/h
Prothrombin Time **Prothrombin activity** **INR**	9 - 13 70 - 120 0.80 – 1.20	sec % -
Fibrinogen	200 - 400	mg/dl
APTT	29 - 35	sec
Blood Group ABO	0 (I), A(II), B(III), AB(IV)	
Blood Group Rh	positive/ negative	

As BRI são estabelecidas num analisador hematológico automático Excell 2280, Drew

IV. Gases no sangue

	Biological reference interval	**Units**
pH	7.35 – 7.45	-
pCO₂	35 – 45	mmHg
Standard bicarbonate	22 – 26	mmol/l
pO₂	65 – 100	mmHg

Bibliografia

1. Abbassi-Ghanavati M, Greer LG, Cunningham FG. Gravidez e estudos laboratoriais: uma tabela de referência para médicos. Obstet Gynecol. 2009;114(6):1326-3.

2. Bruda§cä Ioana C, Cätanä Cristina S, Cräciun Alexandra M, Dutu Alina G, Gheorghe Simona R, Silaghi Ciprian N. Biochimie clinicä. Îndrumâtor de lucräri practice, Editura Medicalä Universitarä "Iuliu Hatieganu", Cluj- Napoca, 2016.

3. Chawla Ranjna. Bioquímica Clínica Prática: Methods and Interpretations, 4th edition , Jaypee Brothers Medical Pub, 2014.

4. CLSI. Urinálise; Diretrizes Aprovadas - Terceira Edição. Documento CLSI GP16-A3. Wayne, PA: Clinical and Laboratory Standards Institute, 2009.

5. Cräciun Alexandra M. Compendiu de biochimie clinicä si exploräri de laborator. Editura Mega, 2013.

6. Dronca M, Drugan C, Cräciun A, Nistor, Dican L, Silaghi C, Rusu R. Biochimie medicalä-caiet de lucräri practice, Ed. Mega, Cluj-Napoca, 2014.

7. Dumitra§cu V, Gîju S, Grecu D§, Vlad DC, Flangea C. Sedimentul urinar. Ed. Universitätii de Vest, Timi§oara, 2007.

8. Dumitra§cu V, Grecu D, Gîju S, Flangea C, Daliborca V. Examenul de urinä - de la arbitrar la standard. Revista Romänä de Medicinä de Laborator, Vol. 1, Nr. 1, 2005.

9. Frances Fischbach. A Manual of Laboratory and Diagnostic Tests, 8th edition, Lippincott, Williams & Wilkins, 2009.

10. Gaw A, Cowan RA, O'Reilly D, Stewart MJ, Sheperd J. Clinical Biochemistry An Illustrated Colour Text, 2nd edition, Churchill Livingstone, 1999.

11. http://pro2services.com/lectures/Winter/Proteins/protein.htm

12. http://www.med4you.at

13. Marshall WJ, Bangert SK. Clinical Chemistry, 5th edition, Mosby, 2004.

14. Pagana KD, Pagana TJ. Diagnostic and Laboratory Test Reference, 7th edition, Elsevier Mosby, 2005.

15. Reynolds J, Freeman G.M. Aids to Clinical chemistry. Churchill Livingstone, 1986.

16. Roche. Reference ranges for adults and children. Prea-analytical considerations, 9th edition, Roche Diagnostics GMB, Wolfgang&Volker, 2008.

17. Susan King Strasinger, Marjorie Schaub Di Lorenzo. Urinálise e fluidos corporais, 6th edição, F. A. Davis Company, 2014.

More
Books!

info@omniscriptum.com
www.omniscriptum.com
OMNIScriptum

Printed by Books on Demand GmbH, Norderstedt / Germany